野口聡一

宇宙に行くことは地球を知ること

「宇宙新時代」を生きる

取材・文 林公代

矢野顕子

光文社新書

2020年2月、アメリカ・テキサス州ヒューストンで対談を行った野口聡一宇宙飛行士（左）と矢野顕子さん（右）。

まえがき

大人の女性だって宇宙が知りたい

矢野顕子

あ、失敗したな。「なんだ、この人は」って思われたな、きっと。

ずっと会いたかった野口さんに初めて会えた嬉しさで、コーフンしながら思いついたこと、聞きたかったことを矢継ぎ早に喋りまくってしまった。ちょうど出来上がったばかりの『When We’re In Space』というＩＳＳ（国際宇宙ステーション）に関する曲を聞いていただきたくて、以前に出したＣＤとともに送りつけられた野口さんは、きっと、さてどうしたものかと思われたことでしょう。２０１８年のことです。

わたしが野口さんとお話ししたいと思ったのは、長年、彼のツイートを追っかけていたからです。野口さんは、アメリカ人以外で初めて民間宇宙船クルードラゴンに乗ることからわかるように、プロの宇宙飛行士として困難なことでも率先して物事にあたる「切り込み隊長」（お仲間から、そう呼ばれているそうです）。それでいて「今日はパエリアつくりました！」とおいしそうな料理のツイートをまめにアップするなど、わたしたちふつうの人の感覚を忘れずにいてくれる。その情報発信力や観察力は他の宇宙飛行士とはかなり違う。野口さんから直接聞く宇宙の話は、絶対に面白いに違いない！　と確信していたのです。

初対面の会話で今でも覚えているのは、「なぜ宇宙に関する教育は子どもたちが主な対象なのか。大人だって、特に大人の女性だって宇宙が知りたい。どうしてそこをもっと啓蒙してもらえないのか」というわたしの不満爆発でありました（ちょっと大げさ）。だって、宇宙は男性も女性も性差なく楽しみ、活躍できる場所だと思うから。無重力の世界ではどんなに重い物でもほいほいっと持ち上げることができるし、ＮＡＳＡで最近合格した宇宙飛行士の半数近くは女性です。厳しい訓練を受けて宇宙飛行士になりたいと思う女性はそんなにいないかもしれないけど、お金を出せば宇宙に行けるとなったら、貯金をして「外から地球を見たい」と思っている女性はいっぱいいるはず。実際、わたしがそうなのですから。

わたしはうんと歳をとってから宇宙に強い興味を持った。わたしが住むＮＹ上空をＩＳＳが通るとき、特に日本人飛行士が滞在中は必ず手をふり「あそこで仕事してるんだなぁ」と思いを飛ばし、ＩＳＳがふっと消えるときはものすごく切なくなって「また来てね」と声をかける。

あのＩＳＳに行ってみたい。そう思ってＮＡＳＡの宇宙飛行士募集要項を読むと、数学か物理、科学における修士号を持っていることが望ましい、とありました……。

だけど大学どころか高校２年の夏休み以来、学校というものに通ったことのない身で、一体何ができるでしょうか。わたしの宇宙に関する乏しい知識は、ほとんどが独学で、行き当たりばったりで拾い集めたものでしかありません。土台となる数式も物理の法則も、わたしの中では存在しないわけです。にもかかわらず、わたしの小さな脳の中では「太陽系の惑星運行を司《つかさど》るものは何か」、「なんでＩＳＳは地球の周りを回り続けて落っこちてこないのか」、

「宇宙に目的はあるのか」、「木星の軌道上でアイスクリームを食べたいな」と、今日も大宇宙に思いを馳せている。なぜ？　がどんどん積み上がる。

今回の対談では、このようにとっ散らかった考えを野口さんにぶつけるのではなく、彼の経験や思っていることをじっくりと聞く。それによってわたし自身の中に新たな宇宙観をつくることができるに違いないと思っていましたが、その通りになりました。より厳密にいえば、以前から持っていた、地球に生きていることへの感謝、その地球を太陽系内のこの位置に保つ力、今日もおでんを夕食に作れるようにわたしを守ってくれている大気圏への感謝、これらが強まったんです。

ヒューストンでの2日間の対談中、野口さんはご自分の意見とは異なる見方をわたしが差し出したときにも、一刀両断に裁くのではなく、寛容な態度で耳を傾けてくれました。それは単に宇宙飛行士として訓練されているからということだけでない、彼の人間としての誠実さからであると思いました。そして、どんなことでも困ったときに助けを求めれば、必ず「俺に任せておけ」と言ってくれる「頼れるおとうさん」のようにも感じました（野口さんの方がわたしよりだいぶ年下ですが)。

野口さんは今回のスペースXのフライトで、非アメリカ人の代表であったり、時の政権の影響をなにがしか受けたり、年齢のことを話題にされたり、背負いきれないほどかもしれない皆さんの期待を背負うのです。が、同時に、ご自分が懸命に守ってきた家族の（本当の）おとうさんでもあります。任務を終えて（まだ終えてないけど）、フロリダの海にザッパーンと着水してハッチが開いたら、「あーあ、とーさん疲れちゃったよぉ」って、今までどの宇宙飛行士も決して言わなかった言葉を口にしながら、帰ってきて欲しいですね。

矢野顕子はそれを待って、また一つ、曲を書くことでしょう。

冒頭の野口さんとの出会いをセットアップしてくれたのは、この本の編集をしてくれた林公代さんです。彼女の様々な努力と熱意がなければこの本は存在しませんでした。そして縁の下の力持ちとなってくださった、光文社の小松現さんにも感謝します。本当にありがとうございました。

Bon Voyage to Soichi and to all who were inspired by him.
Bound for Space!

宇宙に行くことは地球を知ること　目次

第3章

生の世界

第4章

3度目の宇宙へ …… 129

第5章

スペースX
――イーロン・マスクと「宇宙新時代」

第6章

宇宙に飛び出すことは地球を知ること……213

第 1 章

宇宙で感覚や心は
どう変化するか

２０２０年2月中旬、新型コロナウイルス感染症（ＣＯＶＩＤ‐19）が世界で猛威をふるう前、矢野顕子さんはアメリカ・テキサス州ヒューストンを訪問。３度目の宇宙飛行に向けてＮＡＳＡ（米国航空宇宙局）で訓練中の野口聡一宇宙飛行士と、丸２日間にわたって宇宙体験について語り合いました。

第１章のテーマは、宇宙での身体感覚や心の変化についてです。宇宙に行って身体がどう変化するか、たとえば顔がお月様のように真ん丸になる「ムーンフェース」や宇宙酔いといった生理学的な変化などについては、これまで数多くの研究が科学者によって行われてきました。その一方、宇宙で宇宙飛行士の身体感覚がどのように変化し、それが心や対人関係にどのような影響を及ぼすかについて研究されたものは、ほとんどありません。

野口飛行士は２００５年の初飛行で3回の船外活動を行い、視覚や聴覚が遮断された際の不思議な感覚について語ってきています。また、２００９年12月からの2度目の宇宙飛行で国際宇宙ステーション（ＩＳＳ：International Space Station）に長期滞在中、無重力状態で身体の安定をどのようにとるのか、それが心の安定にどのような変化をもたらすかなど、宇宙での心理的・社会的な影響について研究を行いました。2017年にはその成果をまとめた学術論文が日本質的心理学会の論文賞を受賞しています。現役宇宙飛行士としては世界初の功績です。

一方、矢野顕子さんは生まれつき視力が弱く、耳を頼りにしたことで、独自の音楽を生み出してこられました。その経験も織り交ぜつつ、宇宙ならではの感覚の変化について語り合います。

足があるのかないのか、自分がどこにいるかわからない

矢野　いつかゆっくりお話ししたいと思っていた野口さんに、こんな機会をいただけて本当に嬉しいです。どうぞよろしくお願いします！

私はとにかく宇宙に行きたくて、いろいろな宇宙飛行士の本を読んだり、彼らのツイートをこまめにチェックしたりしているんです。宇宙からの地球の眺めが素晴らしいという描写はよく目にしますが、同時に、「Space is hard（宇宙は過酷だ）」という発言も見られます。

野口さんは船外活動のために宇宙船の外に出ることを、「三途の川を渡るようだ」と表現

されていますよね。本で読んでとても印象に残っています。宇宙を飛んだ飛行士の中でも、船外活動を経験した宇宙飛行士はごく限られていますね。

宇宙船の中にいるのと、宇宙船の外で宇宙空間を肌で感じるのは、まったく質の異なる体験だと聞きます。実際に宇宙空間に出られて、どんな感覚があったのかについて、聞かせていただけますか？


野口　こちらこそ、宇宙開発に興味を持っていただいてとても嬉しいですし、僕は学生時代に矢野さんやＹＭＯ（イエロー・マジック・オーケストラ）の音楽をよく聞いてリスペクトしていたので、お会いできて光栄です。宇宙のどんなところに矢野さんが興味を持ってくださっているのかも、ぜひお聞かせいただきたいです。

宇宙での感覚といえば、忘れられないのが、２００５年の宇宙飛行で行った船外活動のときのことです。１９９６年に宇宙飛行士候補者に選ばれてから9年後、待ちに待った初飛行でした。しかも、二人一組で行う船外活動のリーダーという大役に抜擢されました。

その飛行は、２００３年に7人の仲間が命を落としたスペースシャトル・コロンビア号の事故以来、２年半ぶりに宇宙に戻るという歴史的フライトでもありました。「Return to

Flight」と呼ばれ、アメリカはもちろん、世界の注目を集めることになったんです。

失敗できない本番のために、僕は一緒に船外活動を行う相棒の宇宙飛行士とともに、約８００時間もの地上訓練を重ねました。これは、当時の船外活動訓練の最長記録です。でも、無重力状態を模擬した水中の訓練を繰り返したにもかかわらず、現実の宇宙空間では予期していなかった感覚に襲われました。

矢野さんはよくご存じだと思いますが、国際宇宙ステーション（ＩＳＳ）は、地球上空約４００キロメートルを秒速約７・８キロメートルで飛行しています。これはライフル銃の弾丸の数倍もの超高速で、90分で地球を一周します。そのため45分おきに昼と夜が訪れます。

夜は地上のように徐々に暗くなるのではなく、一気に闇が襲ってくるようで、ものすごく怖い。真夏のビーチから急に真っ暗闇の洞窟に放り込まれたように、何も見えなくなるからです。まるで、闇に襲われるような感覚です。

もちろん、宇宙服のヘルメットには小さなヘッドランプがついています。「もうすぐ夜が来るぞ！」というときに点灯しますが、ライトが照らすのはごく狭い範囲ですし、目が暗闇に慣れるまでには時間がかかります。さらに、宇宙服のヘルメットの構造などの問題で、首の動きが制限されます。

日本人で初めてISSで船外活動を行ったときの身体感覚について話す野口飛行士。

元々、視野が限られ昼でもＩＳＳの外部構造がほとんど見えない状態なのに、そのわずかな視野さえも夜は奪われていく。つまり、目を閉じているのに近い状態になります。

夜になって驚いたのは、自分の足が曲がっているのか、伸びているのかがまったくわからなくなったことです。地上ではたとえ目を閉じていても、腕や足が伸びているか、曲がっているかはわかりますよね。それは筋肉が常に重力を感じているから。重力に抗って筋肉を動かせば、その情報が脳に届くためです。

一方、無重力状態では足を曲げても伸ばしても、重力がまったくかかりません。そのため足を動かしたという情報は脳に届きません。極端な話、腰から下がなくなったとしてもわからない。腕も同じです。身体感覚が一気に分断してしまったようで、とまどいました。

同じ無重力状態でも、ＩＳＳの中で照明をつけているときは、目で足や腕の位置を確認できるので、そんな感覚はありませんでした。しかし、特にＩＳＳの中で目を閉じたときや、船外活動中は自分の足が曲がっているのか、伸びているのかまったくわからない感覚が強くなります。これが無重力で本当に大変なことなんです。

船外活動の作業中に真っ暗になると、瞬間的にＩＳＳの構造もほとんど見えなくなり、身体感覚が失われて、自分の位置や姿勢もわかりにくくなります。巨大なＩＳＳの中で自分がどこにいるのか把握できないという事態が、起こりうるんですね。船外活動中に「僕、今どこにいるんだっけ？」という冗談のような会話が宇宙飛行士間で交わされることは、決して珍しくないんです。

宇宙の話に聞き入る矢野顕子さん。NASAに近く、多数の宇宙飛行士が訪れるレストランで。

「空間識失調」という言葉を聞いたことがありますか？　航空機が雲海や霧の中に突入した場合などに、パイロットが平衡感覚や方向感覚を失って、操縦不能に陥ることがあります。水平線や地平線が見えなくなったことで機体の姿勢がわからなくなり、雲海などの均質な景色のために奥行き情報が得られず、速度感覚がなくなって、操縦を誤ることがある現象です。過去の

船外活動を行う野口飛行士。© NASA

宇宙飛行士に対する調査では、宇宙長期滞在を経験した宇宙飛行士の38%が空間識失調を経験したというデータもあります。

夜間の船外活動中に方向感覚を失ってしまうのは、この空間識失調の一例です。そもそも、地球上で私たちは耳の中にある耳石などの器官で縦方向の基準軸を、眼からの視覚情報で縦横方向の広がりや奥行きといった三次元情報を得ています。自分のセンサーから得たこれら仮想の三次元情報を、重力方向という絶対的な軸に合わせることで、空間を認識しています。

ところが無重力状態では耳石センサーが働かず、視野も限られます。絶対的な重力の軸も存在しません。自分が意識する三次元情報と実際のＩＳＳのズレが大きくなったときに、方向感覚を失うわけです。

そんなときは、船外活動を共に行う宇宙飛行士の声がけが重要です。「右方向に5メートル進むとハッチ（出入り口）がある」とか「頭上30センチに次の手すりがある」など声をかけてもらうことで、脳の中で空間認識を再構築し、活動を再開することができるのです。

「手で感じる水平線」「硬さで感じる温度」「指先で聞く音」

矢野　無重力状態で見えなくなると、自分の足なのに伸びているか曲がっているかわからなくなるなんて、とっても驚きますね。

　実は私は生まれつき眼球の形が少しつぶれていて、細かいものがよく見えませんでした。

　ピアノのおけいこのときも譜面がよく見えていなくて、他の人が弾いているのを聞いて「ＯＫ、こういう曲ね！」と即興で弾いていたんです。人の顔はなかなか覚えられなくて声で覚えたし、車のエンジン音で誰が来たかを判断していました。自分の車の調子がいいかどうかもエンジンの音で聞き分けていましたね。月は４つに見えていたのに、大きくなってから白内障の手術をしたら、急にクリアになって、夜空にあまりにもたくさん星があることがわかって、本当にびっくりしました。

　長い間、目で見えるものにそんなに魅力を感じていなかったので、野口さんのお話で、宇宙空間で目からの情報が限られたとき、宇宙飛行士同士の声で位置を把握したり、他の手段で補ったりするという話に共感を覚えます。そういうことは他にもありますか？

野口　それがまさに面白い点です。その話に入る前に、そもそもなぜ宇宙で感覚が遮断されやすいかをお話ししておきますね。

そもそも宇宙空間とは、空気のない真空であり、昼は１２０度以上、夜はマイナス１５０度以下にもなる激しい温度変化がある極限環境です。また、スペースデブリと呼ばれる宇宙ゴミや放射線が飛び交います。

そうした過酷な宇宙空間から宇宙飛行士を守ってくれるのが、宇宙服です。逆にいえば、船外活動で着る宇宙服は、宇宙空間の激しい温度変化も、真空などの圧力情報も遮断するようにできています。つまり、宇宙飛行士の生命を守るための宇宙服は、宇宙飛行士の感覚を遮断する働きがあるということです。さらにヘルメットの内部では、自由に首を動かすことが難しい上にガラス越しの視界は限られています。そして船外活動のときにヘルメット内のヘッドセットを通して聞こえてくるのは、船内からの指示や一緒に船外活動をする仲間の声。あるいは自分の呼吸の音だけです。

重力情報がない、視覚情報がない、耳からの情報も限られる。これこそが宇宙空間、特に船外活動中に感覚遮断が起きやすい理由なんです。

そうやって感覚を遮断された状態でも、ＩＳＳの状況を把握し、宇宙服をどこかにひっかけて破かないように、命綱が決して外れないように気を配りながら、正確な作業をしなければならない。すると、地上の常識では考えられないような「感覚のクロスオーバー（お互いに補完し合うこと）」が現れるのです。

たとえば、**「手で感じる水平線」**。

私たちが地上で、ある面が水平かどうかを知るには、水を流せば確認できます。でもそんなことをしなくても、壁にかけてある絵が少し傾いていれば、見た瞬間に気がつきますよね。それは頭から足へと貫く重力の軸や、水平面をさまざまなセンサーで把握しているからです。

一方、同じ絵が無重力状態の宇宙船の中にあったとして、それが水平に飾られているのか、傾いているのか、わからないのです。それは重力軸という絶対的な情報がないから。自分の立つ位置や見る角度によって、水平面は異なります。

では、そんな無重力空間で、我々はどうやって水平方向や垂直方向など、「無重力空間で

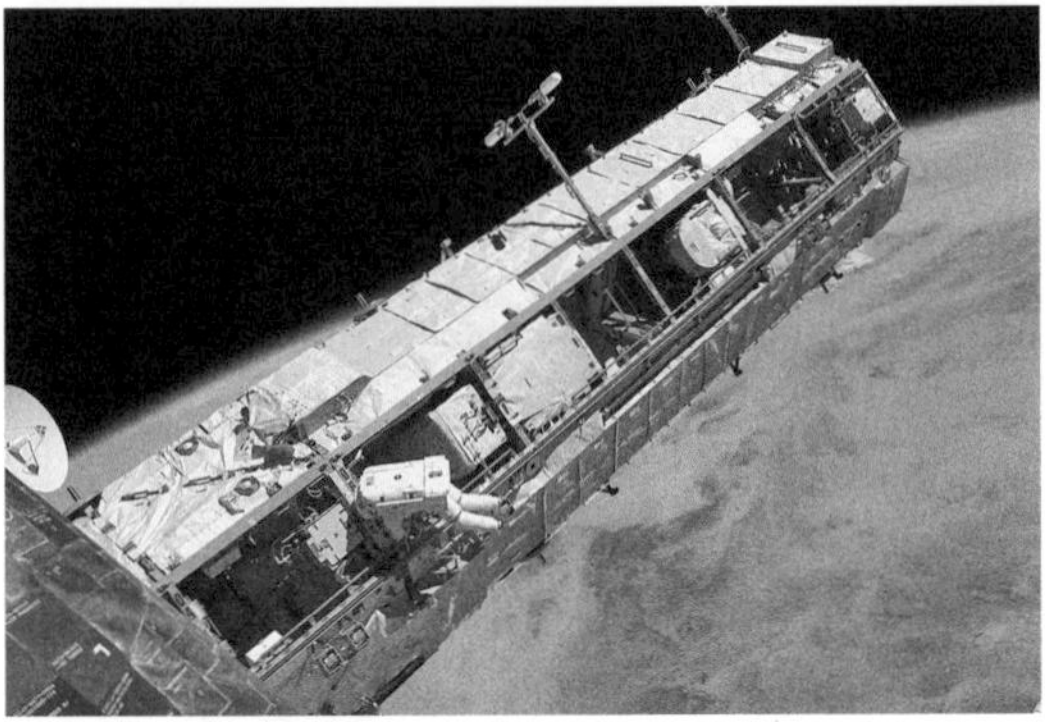

ISS の中央にある橋げた。手すりを伝って 100 メートル以上移動する場合も。© NASA

の新しい秩序」を構築するのか。

　ＩＳＳは約１０９メートル×約73メートル。全体でサッカー場ほどの大きさがある巨大な構造物ですが、その中央を約１００メートルにわたって貫くのが「トラス」と呼ばれる橋げたです。このトラスが我々宇宙飛行士にとって、宇宙空間での水平線になります。

　宇宙空間での移動時は足を使わず、手すりを伝って移動します。船外活動中は１００メートル以上も手すりを頼りに移動することがあります。そのための多数の手すりが、ＩＳＳに取りつけられています。たとえ目を閉じて音が聞こえなくても、手すりを伝っていく方向で、宇宙船の水平方向が認識できるわけです。

　薄暗い船内を移動するときも同じです。手すりの方向やスイッチの位置情報など手からの触覚情報によって、宇宙飛行士は脳内に水平・垂直という三次元空間を描いて移動できるようになります。

また、宇宙空間の激しい温度差を感じることはできないとお話ししましたが、「**硬さで感じる温度**」があります。

宇宙服の手袋は指先にヒーターがついていて、昼間の１２０度の熱さも夜のマイナス１５０度の冷たさも感じないように作られています。でも手袋はシリコン製なので、温度によって硬さが変わります。夜の間はカチカチに硬くなった手袋が、昼の間にだんだん柔らかくなってくる。実際に肌で宇宙空間に触れなくても、手袋の硬さの変化によって、その温度を感じることができます。手のひらが太陽を感じるのです。

「**指先で聞く音**」も新しい感覚でした。宇宙空間は真空ですから、音は伝わりません。一方、ＩＳＳの中は空調のファンや冷却ポンプなど、さまざまな機械が回っています。それらが回り始めると、手すりに振動が伝わってきます。本来、空気の振動は耳で音としてとらえるわけですが、振動自体は手で触覚として感じられます。「（ポンプが）回った！」と。その振動によって、音が聞こえるように感じることも可能なんです。

「手で感じる水平線」「硬さで感じる温度」「指先で聞く音」――。目や耳からの情報が遮断されたとき、残された感覚でなんとか補って、自分の内部に外の世界をつくり上げていく。これまでの常識では考えられないような、「感覚のクロスオーバー」が起こったわけです。

これら多くの感覚に、指先が重要な役割を果たしているのも面白い点です。極端な話、自分と外の世界を繋ぐ唯一の接点が、指先になってしまうということです。

1回6～7時間の船外活動の後は、毎回手がぱんぱんに膨れ上がり、指先が痺れていました。重量のない世界は地上に比べると疲れにくいはずなんですが、船外活動中はほとんどすべての動きが手でなされるので、手、特に指への負担はとても大きいんです。

音がないはずの世界で音を聞く？

矢野　宇宙ならではの空間の認識の仕方が、本当に面白いです。

お話を伺っていて思い出したのが１９９０年にアメリカに来て、家を探したときのことです。当時、結婚していた坂本龍一と２人で一緒に物件を見に行けなくて、１人ずつ違う日に行ったんです。

私が見に行ったときに不動産屋さんが「同じことをしますね」とびっくりしたことがあって。私はどの部屋に入っても、まず手を叩くんです。手を叩いたときの音の反響で、広さが実感としてつかめるんですよ。全然示し合わせていないのに、坂本龍一もまったく同じことをしたんですって。

部屋に入ると手を叩き、音の反響で広さがわかるという矢野さん。

船外活動の過酷さもよくわかりました。あるときＮＡＳＡテレビで、ＩＳＳにいるＮＡＳＡのニック・ヘイグ宇宙飛行士と俳優のブラッド・ピットとの交信を見ていたら、ニックが「船外活動は緊張を強いられるけれど、素晴らしい。忘れられないことが一つある。ＩＳＳの先端方向に行ったときに風を感じたんだ」と言っていたのが印象に残っています。空気のない宇宙空間で風を感じるって、どういうことなん

野口飛行士は約15年前の宇宙飛行について昨日のことのように詳細に語る。

でしょう？

野口　手を叩いて部屋の広さが実感できるとは、さすがミュージシャンですね。僕だったら新しい部屋に入ったときに暗かったら、反射的にライトをつけると思います。見えないと落ち着かないですからね。でも矢野さんはライトをつけるより先に、手を叩く。目で確認したり、メジャーで何メートルと測ったりするよりも、音の反響のほうが空間の立体情報を把握できるわけですね。

　人によって、どの感覚が卓越しているかは違うし、それによって外の世界の認識方法や把握の仕方が異なるということですよね。とても面白いです。

　僕の場合は、やはり目に頼る部分が大きいです。たとえば今、矢野さんとお話ししているこの部屋から出て駐車場まで行きなさいと言われたら、何も考えずに、目からの情報をもとに椅子をよけてテーブルをぐるっと回って、ドアを開けて出て駐車場に行きます。

　もし、停電などで真っ暗になって何も見えなくなったとしたら、わずかに残っている記憶をたどって「確かここに椅子があったな。その横のテーブルを回って5歩ぐらい歩いたらドアがあった。ドアのノブを手探りで探して開けたら前の通路を……」と、立体情報を頭の中で再現しようとします。船外活動はその繰り返しなんです。

矢野さんのように耳の感覚がすごくすぐれていて、環境を音で把握するのに慣れている方には、船外活動はすごく怖いだろうと思います。宇宙空間で手を叩いても何も伝わってこないから。それは部屋が無限に広いか、真空か、完全に孤独であることを意味します。

しかし、先ほどお話ししたように、音が聞こえなくても、振動から音を感じることはできます。

矢野さんが車のエンジンの調子を音で聞き分けるという話は、とても興味深いですよね。私は元々、航空機のジェットエンジンの研究をしていた技術者ですが、車のエンジンはかかったかどうかしかわかりません。

もしここに大画面のスクリーンがあって、音は出てこないけれど、ハンドルやキーイグニッション（自動車のエンジンキー）など車のダッシュボードの風景を再現したとします。キーを回した瞬間にぶるっと震える振動の再現装置を作ったとしたら、その瞬間、たぶん矢野さんの頭の中には、エンジンの音が再現されていると思うんです。そして、「この振動はおかしい」とか「いつもと違う！」とわかるのではないでしょうか。
　矢野さんは聴覚が卓越しているから、音でエンジンの調子がわかるとおっしゃっていますが、実際には視覚と触覚と聴覚からの全部の情報を総合して、何らかの違和感を判断しているんだと思います。実は触覚でもその情報をとらえていて、「こっちだけ震えているからおかしい」とか、「ちょっと衝撃が遅く来るから、何かタイミングが悪いに違いない」と感じる。だから、音がなくても音は感じることができるだろうと思います。

矢野　そうかもしれない……やってみたいです！

野口　そしてニック・ヘイグ宇宙飛行士は、船外活動で風を感じたか。矢野さんの質問を聞いて思い出したのは、初飛行での３回目の船外活動です。当時のＩＳＳはまだ建設が始まってまもなく、ＩＳＳの真ん中にまるで帆掛け船のように１本のマストが立っていて、太陽電池を広げている状態でした。
　僕はＩＳＳでの作業でそのマストを登って、てっぺんまで行ったんです。ふと見下ろしたときに、地球の広大な海とその向こうの水平線が見えました。ＩＳＳで船外活動をしても実験棟の壁やトラスなどが視界の大部分を占めることが多い。でも、そのときはISSの構造物に視界を遮られることなく、360度、ただ青い海を豊かにたたえた地球が広がっていた。その瞬間、僕は「宇宙を悠々と航海するISSという船に乗って、飛んでいるんだ」という感覚になりました。

彼も似たような状況だったのではないでしょうか。そのときに立ち現れるのが原始的体験です。ISSの先端で、過去に船に乗っていたときに感じた風を認識したのでしょう。波の音が聞こえた人もいるかもしれません。

矢野さんも同じ場所に立てば、音を聞くのではないでしょうか。音がないはずの世界で音を聞く。宇宙体験ってそういうことではないかなと思います。

無重力状態で心の安定を得るには

矢野　幼い頃から音とともに生きてきた私にとって、音が聞こえないことは、目が見えなくなる以上にものすごく恐怖です。と同時に、無音の宇宙空間でどんな音が自分の中で感じられるか、楽しみでもありますね。それはつまり、その人が地球上でどういう生活をしてきたか、いったい何を見てきたかという蓄積のもとに宇宙に行き、ある風景に置かれたときに、どういうものを心に感じるかにかかってくるわけですよね。宇宙で同じ風景を見たとしても、個々の人はまったく違う体験をするのかもしれない。

ところで、船外活動のことを中心にお伺いしましたが、宇宙船の中で「これは予想外だった！」という発見や体験はありましたか？

野口　２度目の宇宙飛行でＩＳＳに滞在している間に、ある実験をしました。

私たちがふだん地上で感じている「重力」という絶対的な軸が、宇宙の無重力状態では感じることができなくなってしまう。そのときに、ヒトは何を礎に身体や心の安定を得るのだろうか、という実験です。

先ほどもお話ししたように、私自身は大学でエンジンの研究をしていたバリバリの理系エンジニアです。だから数字やデータを基準に考えます。２００５年の初飛行では、内面を深く掘り下げて宇宙体験を考える余裕もなく、次の作業をいかに正確に終わらせるかに集中していました。

しかし宇宙飛行を終えて一息ついたとき、理系的な思考を離れて、あの体験はなんだったのか、宇宙に行くことの大きな意味を探りたいという思いがふつふつと沸き上がってきました。そのタイミングで知ったのが、国際高等研究所の木下冨雄先生のグループがなさっていた人文・社会科学的な研究の成果です。

宇宙関連の心理学的研究は、知覚心理学や運動生理学などが主流で、人文・社会科学的な立場からの研究はほとんど例がありませんでした。ただし、木下先生は宇宙飛行士が無重力環境に適応する過程で、（重力という）基準系を喪失することの影響について、「人間にとって意味世界と基準系と動きは三位一体である」と、宇宙における心理的・社会的・宗教的なインパクトを俯瞰する先駆的な研究を行っておられたのです。私もそのような観点から宇宙体験をとらえ直したいと考えました。

２度目の宇宙滞在は１６３日間と長かったこともあり、木下先生との対話を通じていくつかの実験を行いました。その一つが、絶対的な基準がない宇宙での身体感覚を掘り下げることでした。

地上で私たちは寝ても覚めても、目を閉じても耳をふさいでも、重力を常に感じています。地面に身体が接していれば安定していると感じるし、逆に地面から離れてジャンプすると、その間は不安定だと感じます。

何気なく使う言葉には「大地に根を張って」とか「地に足のついた」のように、重力に対して安定であることが、精神的な安定に繋がっていることが表れています。つまり、動かないことがもっとも安定しているのだと。でも、無重力状態ではまったく動かないことはありえません。船内にはファンで絶えず空気を循環させていますし、わずかな力がかかっても身体は動いてしまうからです。

「重力がなくても身体の安定と心の安定は得られるのか」をテーマにした実験の被験者として僕がやったことは、ＩＳＳの「きぼう」日本実験棟の中で目をつぶり座禅のポーズをすることでした。

なぜ目をつぶるのか。先ほどお話ししたように、私たちは空間の中の自分の位置を、目からの視覚情報と耳からの重力情報をもとに判断しています。宇宙船の無重力状態では耳からの重力情報が働きません。さらに目を閉じることで、感覚を遮断させます。

座禅のポーズでは、身体を二等辺三角形の形にします。インドのヨーガのあぐらも同様ですが、身体の安定が精神的な安定に繋がり、悟りが成就するとされています。同じ考え方で座禅によってフラットな面を意図的につくり出すことで、精神の安定に繋がるのではないかと研究者の皆さんが考えたわけです。

宇宙で座禅をするのは簡単ではない。２度目の宇宙飛行中、ISSの展望室「キューポラ」で。©NASA

無重力状態で座禅のポーズをとるのは簡単ではありませんでした。足を組むためには、腕で常に足を引き寄せておかないといけません。

しばらくすると、身体が静かに浮き上がっていきました。ハイビジョンカメラで撮影した記録映像によると、僕の身体は真上でなく、少しずれて斜め右上の方向に浮かび上がり、やがて頭の右側が壁の実験ラックにぶつかりました。

その瞬間、僕は「しまった！　頭から地面（床）に落ちちゃった」、「首が折れるんじゃないか」と、恐怖を感じたのです。反射的に手で頭をかばい、全身でその衝撃を受け止めにいきました。

冷静に考えれば、「きぼう」の中で目を閉じて身体が浮かんだときに、頭が当たりそうなのは、近くにある壁だとわかります。でも目を閉じて浮かんで完全に感覚がなくなったとき、無意識に地上で目をつぶってジャンプしたときのことを身体は覚えていたのです。

やがて、足の裏で床に着地するだろう、そ

のときに膝をどう緩めるか、片足しか着かなかったら手をどうそえるかなど、足に神経を集中させていたのだと思います。ところが頭に衝撃があった。そのため逆立ちしたような形で床に衝突したと勘違いしたのです。

　これは予想外でした。その実験が行われたのは、宇宙で長期滞在を始めて数か月経った頃です。自分では完全に無重力の世界に対応していると思っていたのに、身体には重力のある地上の記憶が残っていて、咄嗟に首が折れるのを防ごうと全身が反応した。驚きました。

矢野　目をつぶった数秒の間に、身体に眠っていた地上の記憶が呼び起こされたんですね。実験の結論はどうなったんですか？

野口　身体と心の安定という点では、無重力空間で座禅を組むとかえって身体が不安定になり、それが心理的な不安定感にも繋がったように思います。

　では、宇宙ではどんなときに安定感を感じるのか。宇宙飛行士は眠るときに寝袋に入りますが、空間にポツンと浮かぶよりも寝袋で軽く拘束したほうが安眠に繋がることは、多くの宇宙飛行士が口にします。

キューポラは宇宙飛行士の間で「ブラックホール」とも呼ばれる人気の場所に。© NASA

話は少し変わりますが、宇宙でもっとも安らぎを感じるのは「地球を愛でる」ときです。私がＩＳＳに滞在してまもなく、「キューポラ」という展望室が地上から運ばれ、ＩＳＳに取りつけられました。７面の窓に覆われ、地球に面しているこの展望室は、入ったら出られなくなる「ブラックホール」とも呼ばれる人気の場所になりました。

刻一刻と表情を変える地球の眺めは、数か月間毎日見ても見飽きることはありません。地球の写真を撮影しながら私が感じていたのは、地球の絶対的な存在感でした。そこにいる家族や友人も含めて、自分の存在が人間社会と繋がっているという安心感が得られたのです。

今後、人類が地球から遠く離れ、火星やさらにその先の深宇宙に進出し、地球が小さな星のようにしか見えなくなったとき、果たして宇宙飛行士はどのように安らぎを得るのだろうかと考えてしまいます。

宇宙で身分の上下はあるか？

矢野　地球の存在は、宇宙飛行士の心の安定に大きな影響を及ぼすことがわかりました。では、宇宙飛行士同士の関係性についてはどうでしょうか？　ＩＳＳ内で共に暮らすさまざまな国出身の宇宙飛行士には軍出身の方も多く、当然ながら上下関係もあると思います。でも、上下のない無重力の宇宙空間だと、宇宙飛行士の間の関係が地上にいるときとは変化したりするのでしょうか？

野口　宇宙で身分の上下はあるのか、という問題ですよね。非常に興味深いテーマです。

宇宙飛行士のチームにはコマンダー（機長）と呼ばれるリーダーがいて、メンバーの宇宙飛行士の命を預かります。コマンダーに対するリスペクトは、地上でも宇宙でも変わりません。ただし、行動様式は変化せざるをえない。なぜなら、宇宙には上座も下座もないから。また、地上では真面目に話を聞くときは直立した姿勢をとりますが、同じような姿勢を宇宙でとることは難しいし、逆に寝ているような状態だから不真面目というわけでもありません。

実際は、ケースバイケースで対応しています。ふだんの仕事や生活では空間を縦横無尽に使ってさまざまな姿勢をとりますが、仕事の打ち合わせのときは、みなの目線が合うように頭を同じ方向に揃えて、コミュニケーションをとります。

記念写真を撮影するときは、上司（コマンダー）を前にしようとか、（便宜上の）上にしようという意識は働かず、みなが頭を中心にして同心円状に広がる写真を撮ることが多いです。それが無重力ならではの自然な位置関係だし、一目で宇宙とわかる写真でもあるからです。

それが一変するのが、大統領や首相などＶＩＰとの交信のときです。誰が命令したわけでもないのに機長や年長者が最前列に、ルーキー（新人）たちは後列に、ぴしっと整列します。頭の方向を揃え、それぞれの顔が地上からはっきり見えるように前列と後列が重ならないように並びます。「地球では自然な」配列です。無意識のうちに、大統領から見て階級が高い人を見分けやすいように、と配慮が働くのでしょう。

しかし、宇宙でこの整列態勢を交信時間の数十分間保つのは、とても大変です。無重力状態では身体が自然に浮かび上がりますが、大統領との交信中に一人だけ浮かび上がって列を乱すのは見苦しい。そこで宇宙飛行士たちは手すりにつかまったり、後ろの壁でそっと身体を固定したりなど、地上から見て自然な配列を保つために、不自然な努力をするわけです。

私の約半年間の宇宙滞在中、合計４回宇宙飛行士の入れ替えがあり、国籍や年齢もさまざまな飛行士と滞在しましたが、どの国の飛行士も同様の行動をとったのは興味深い事実です。科学者やエンジニアなど理系人間が多い宇宙飛行士は「宇宙に行っても重力環境が変わるだけ。人間関係や行動ルールは変わらないよ」という人が大多数です。

現時点での結論は、宇宙環境での行動ルールには割とすぐに適応し、対人関係では部下が自分の上にいたとしてもふだんはお互いに気にしない。その一方で、地上の行動ルールが完全に消え去るわけではないということです。現在は、宇宙と地上の二つの行動ルールを使い分ける能力が、宇宙飛行士に求められるのかもしれません。

宇宙生まれ、宇宙育ちの人間が現れたら

矢野　野口さんの身体の中には、地上の重力環境での行動ルールと宇宙の無重力環境での行動ルールの二つがあって、その二つの間を行き来しているわけですか？

こうして向かい合ってお話ししている今も、宇宙感覚に切り替わるスイッチがどこかに存在しているっていうことでしょうか？

そう考えると、いつの日か、もし宇宙で生まれて宇宙で育った宇宙出身者が現れたとした

ら、地球の重力の記憶がないわけですから、まったく宇宙流の行動をするようになると思われますか？

野口　確かに、宇宙の無重力環境と地球の重力環境は完全な「パラレルワールド」として僕の中に存在しています。

「バイリンガル」という言葉がありますよね。海外で長く生活して日本に帰ってきた帰国子女が、まるでテレビのチャンネルを切り替えるように、場面に応じて二つの言語を使い分ける様子を言い表していますが、僕たち宇宙飛行士の場合は、無重力環境と重力環境を使い分ける「バイ重力系」と呼んでいいかもしれません。

この感覚はふり返ってみれば、「時差」を知ったときと似ていると思います。

日本は北海道から沖縄まで、同じ時刻を使っているじゃないですか。僕は20歳まで日本を出たことがなかったし、子どもの頃は、今ほど世界がグローバル化していなかったから、世界についての情報はあまり身近ではなかったと思います。僕が朝7時に起きれば世界中の子どもたちも起きて、いっせいに朝ごはんを食べると思っていたわけですよ。

でもあるとき、世界には日本と違う時間軸があるらしいと気づいたのです。日本の子どもが起きる時間にはヨーロッパの子どもはまだ寝ているかもしれない。時刻は一つだけじゃないという驚きであり、発見がありました。

正確には一秒の長さという時間自体は変わらないわけですが、腕時計が示す時刻は住んでいる場所によって異なるとわかったときに、この世界の見方が変わった気がします。時差のある世界、つまり「マルチ時刻系」を生きることは、一点から他点への拡張になります。

ＩＳＳでは協定世界時（いわゆるグリニッジ標準時）を使って生活していますが、これも絶対的な時刻という意味ではなく、ＩＳＳという「ローカルな場所」の時刻と考えればいいわけです。

同じような意味で、重力の異なる世界がある。地上にいる間、人間は常に１Ｇ（地表で我々が感じる重力）環境に慣れ親しんで、全身の細胞が重力を常に感じながら生きています。一方、ＩＳＳではゼロＧ、つまり重力を感じない環境のまま、宇宙飛行士たちは生活を送っています。

僕は今、重力がある世界にいますが、ＩＳＳでの無重力の世界のことも想像できます。たとえば、地上で食事をしているときに、「ＩＳＳだとこのお皿は面ファスナーか磁石でテーブルにつけておかないと浮かんじゃうんだよな」とか、「そもそもお皿は使わずに容器からそのまま食べるんだよな」とか、「近々『あの世界』に戻っていくんだな」と、宇宙での生活がイメージできる。これこそが「パラレルワールドを行き来する」、というか宇宙の無重力環境に合わせたルールと、脳や体に染みついた地上のルールを必要に応じて使い分けて生きるということだと思います。

逆に、２０１０年６月、１６３日間の宇宙滞在を終えて久しぶりに帰ってきた地球は、懐かしいというより「明らかに違う世界に来た」感覚がありました。

人工的に作った「ミニ地球」空間のＩＳＳと異なり、宇宙船が着陸した中央アジア・カザフスタンの広い平原は空が抜けるように青くて、猛烈な草と土の匂いがしました。人類が他の星に移住し、地球を訪れたときに感じるであろう感覚を体験したと思います。

宇宙と地上の二つの世界のその切り替えがすっとできるかどうかは、年齢や環境などによって、しなやかに変えていく人となかなか変えられない人がいると思います。

若いときは海外旅行に行っても、すぐに現地の時間に慣れましたが、今は多少時間がかかります。僕の場合は今、訓練を行うヒューストンが本拠地となっているので、日本に帰ってもしばらくヒューストン時間が抜けないことがあります。

重力系の切り替えも同じです。宇宙に到着した途端に、あたかも昨日までずっと宇宙にいたかのようにスムーズに動ける人もいれば、いつまでも地上の重力系の動きを引きずる人もいます。

でも将来、矢野さんが言われるように宇宙で生まれて宇宙で育った人類が現れたとしたら、彼または彼女は地球の重力系にのっとったルールは知らないし、ましてや身体に刻み込まれてもいません。

そのときこそ、古い基準系に縛られない、新しい宇宙流の社会規範やルールが誕生するでしょう。それが楽しみでもあります。

矢野　確かに。私も頻繁にニューヨークと日本を行き来して、スイッチを割とすぐに切り替えられるので、その点ではプチパラレルワールドを生きているといえるのかな。

野口　ちなみに、時間に関しては、宇宙滞在中に不思議な感覚を味わいました。

ＩＳＳは90分で地球を一周します。太陽のサイクルを基準に90分を１日として生活することは非現実的なので、先ほどお話ししたように、ＩＳＳでは協定世界時に合わせて、24時間を1日として過ごします。人工的に設定した時間を生きるわけです。

にもかかわらず、ＩＳＳの朝が来れば自然に目が覚めてお昼にはお腹が空き、夜ご飯が終わると眠くなる。人工的だったはずの時間設定が、宇宙に暮らす間にリアルな時間に感じられ、体内時計もきちんと機能するのがわかります。

一方、窓の外を見ると、景色がものすごい速さで移り変わっていきます。パリ上空で夜景の写真を撮ったかと思うと、数十分でシベリアから日本上空へ抜け、夜明けを迎えるために写真の設定を大急ぎで変える。それぞれの場所には、ローカルな時刻が点在していて、人々の生活があります。まるで〝時間を飛び越えるような感覚〟です。

宇宙にいる自分とは無関係に、断続的にその土地の時刻が存在する様子は、まるでＩＳＳと別世界の「仮想現実」のように思えてくるのです。

宇宙で生まれた新人類は、地球の24時間の時間サイクルとは無関係なはずです。どんな時間を生きるのかも興味深いところです。

無音の宇宙空間で、どんな音を聞くのか――矢野

「宇宙生まれ、宇宙育ち」と私が口に出したとき、野口さんは「そう！　それこそが本当の進化ですよ」と身を乗り出して言われました。宇宙生まれの宇宙人が何に心の安定を見出すのか、とても面白いテーマです。だから、私はどなたか夫婦で宇宙に行ってほしい。宇宙で受精卵が育って出産ができるのか、興味本位でなく純粋に科学的な見地から知りたい人はたくさんいると思います。

私は小さい時から動物が大好きで、さわれないけど昆虫の生態が好き。見えてないけど宇宙のことを想像するのが大好きな子供でした。しかし、何年か前に受けた白内障の手術後、夜空の星がくっきり見えるようになり、その姿に驚愕しました。

それまでは生まれつき強度の近視で、もわわーんと乱視のように物が見えていま

した。幼稚園の頃には40歳ぐらいには、目が見えなくなるといわれていたほどです。

一方、3歳ぐらいからピアノを始めて、「今日、学校どうだった?」と母親に聞かれると、ピアノで感情を表現していましたね。私の存在自体が音楽みたいなものでしょうか。「音を発する生命体」というか。だからたとえ目が見えなくなったとしても、音さえ聞こえれば何とかなると思っていました。

今も、車はエンジン音で調子を聞き分けます。ベンツのステーションワゴンに22年間乗っていましたが、友だちのように感じて「シンディ」と呼んでいました。真冬はどの辺まで行って大丈夫か、エンジンの音で判断していましたね。「まだ大丈夫」とか、「音がちょっといつもと違うから、これ以上走るのは無理かな」とか。

その後、フォルクスワーゲンの小さな車に換えましたが、2017年型から2019年型にしたときにエンジンの音が全然違うんです。「これっておかしいんじゃないかしら?」とディーラーに言ったら「エンジンの設計が変わったから」と言われました。

その話を野口さんは「ロケットエンジンの音が聞き分けられるんじゃないか」と、とても面白がってくださいました。「5番エンジンのねじが緩んでるわよ」とかね。

技術的なことはわかりませんが、ロケットのエンジン音の違いは、ぜひ聞き分けてみたいですね。

そもそも私がＩＳＳや宇宙に行きたいと思い始めたのは、野口さんの2度目の宇宙滞在の頃でした。野口さんがツイッターで発信される写真を見て、ＮＡＳＡのウェブサイトを頻繁に見るようになったし、２０１２年にヒューストンのＮＡＳＡ・ジョンソン宇宙センターを初めて訪問する機会があって、アポロ時代に使われたミッションコントロールセンターや、ＩＳＳの日本実験棟の実物大模型を見て、宇宙に行くための「人間の力」を感じました。そして自分が宇宙に行ってみたいという気持ちが高まりました。

ところが宇宙飛行士について調べるうちに、大きな壁があることに気づきました。宇宙飛行士の訓練の中に、水中での訓練があったのです。私はまったくの金づちでしたが、水泳を習うことに決めました。

コーチに「なぜ泳げるようになりたいの?」と聞かれて「宇宙に行きたいから」と答えたら、「ＯＫ！ じゃあ宇宙に行けるように頑張ろう」とバカにもせずに受け止めてくれたんです。練習中に疲れ果てたときも「もう少しで（ＩＳＳの）ハッチだよ。そこまで行かないと船内に戻れないよ」とか、私のやる気が出る教え方で導いてくれたので、今では４００メートル泳げるようになりました。

　私にとって憧れの宇宙が真空で音のない空間だと知り、ものすごい恐怖であると同時に、興味をかきたてられてもいます。無音の宇宙空間で、自分がどんな音を聞くのか。それは自分がどんな人生を歩んできたかを試される場でもあるように思うからです。

第 2 章

死の世界

第２章では、人間が生身の身体では生存することができない「死の世界」である宇宙空間について、また、そこで仕事をするのはどういうことかについて話を深めていきます。

旧ソ連のユーリ・ガガーリンが１９６１年に人類で初めて宇宙飛行をしてから約60年。２０２０年８月までに宇宙に出た人間は、約５７０人です。飛行中の死亡事故は20人とされていますが、一度に大人数が犠牲になった事故としては、１９８６年１月28日（現地時間、以下同）に起きたスペースシャトル・チャレンジャー号事故で発射時に７人が、２００３年２月１日に起きたスペースシャトル・コロンビア号空中分解事故では、帰還時の着陸直前に７人の宇宙飛行士が命を落としたことが知られています。

野口飛行士はコロンビア号帰還の翌月に打ち上げ予定のスペースシャトル・ディスカバリー号に搭乗し、初飛行を行う予定で準備を進めていました。しかし、事故により飛行は凍結されてしまいます。いつ飛行が再開されるか先の見えない長いトンネルの中で、宇宙飛行士が命をかけた職業であるという事実と向き合うことになります。

対談をヒューストンで行うにあたり、野口飛行士は矢野さんにＮＡＳＡ・ジョンソン宇宙センターにある「Memorial Trees（宇宙飛行士の追悼祈念植樹）」を見学してほしいと伝えました。宇宙飛行の犠牲になった先人たちを追悼する木立が語りかけるものは。話はそこから始まります。

リスキービジネス

矢野　野口さんと対談する前に、昨日予習を兼ねて、ＮＡＳＡ・ジョンソン宇宙センターを見学しました。野口さんからは見るべきポイントのアドバイスをいくつかいただきましたが、その中に「Memorial Trees」がありました。

宇宙船の事故などで亡くなった宇宙飛行士たち一人一人の木が環状に植えられ、根元にはお花が供えられていました。その中にあったのが、１９８６年のスペースシャトル・チャレンジャー号事故で亡くなった日系三世のエリソン・オニヅカ宇宙飛行士の木です。根元のプレートを見て、事故当時39歳だったことを知りました。

その年齢で突然命を絶たれたとしたら、やり残したことがいっぱいあっただろうし、当時お子さんも小さかったと聞いています。Memorial TreesはＮＡＳＡのゲートを入ってすぐの場所にあって前を走る道路からも見えますが、積極的に宣伝しているわけでもなく、野口さんのアドバイスがなければ注目しなかったと思います。

野口さんは、なぜMemorial Treesを見てほしいと言われたのですか？

野口　毎朝、ＮＡＳＡに出勤するとき僕はMemorial Treesを見て、スペースシャトル・コロンビア号の事故で犠牲になった仲間たちの顔を思い浮かべ、気を引き締めます。

１９８６年１月28日に起きたスペースシャトル・チャレンジャー号事故は今年２０２０年で33回忌を過ぎました。２００３年２月１日のコロンビア号事故はちょうど17回忌にあたります。

もっとさかのぼって、アポロ１号の火災事故や病気で亡くなった宇宙飛行士の方々を含めて先人たちの功績を称え、宇宙飛行のリスクを忘れることなく追悼するために植樹されたのが、Memorial Treesです。

有人宇宙船の事故は歴史的に１月末から２月頭が多く、毎年その頃に追悼式典が開かれ、

NASA・ジョンソン宇宙センターにある Memorial Trees。チャレンジャー号事故で亡くなったオニヅカ飛行士の木の前で。

ご遺族や宇宙飛行士たちが木の周りを回ってお花をお供えします。今年は2月の初めに行われ、僕も参列しました。

17回忌とか33回忌といえば、日本では区切りの年ですよね。だんだん関係者も少なくなって風化される時期でもあります。コロンビア号の事故以降は宇宙飛行中の死亡事故は起こっていませんし、宇宙飛行士の仕事は宇宙にいる間の「晴れ舞台」しか報道されませんから、宇宙飛行が危険と隣り合わせであることは忘れられがちです。でも、基本的に我々が行っていることは「リスキービジネス」です。常に死を意識せざるをえません。

そのことを知っていただきたくて、Memorial Treesを見てくださいとお願いしたんです。どういう形であれ、突然命を絶たれることは、本人にも家族にも衝撃だし、辛い出来事だと思います。さらに宇宙飛行士の事故の場合には、栄光の絶頂で志半ばにして命を落とすことになります。

遺族にとっては大切な人を失うというパーソナルな出来事であるにもかかわらず、パブリックな場に出ていかなければならない。繰り返しメディアに取り上げられることで全米、さらに世界の関心事となり、悲しみに十分ひたることも許されない。その苦しみもあると思います。

オニヅカ飛行士はスペースシャトル計画の一期生として選ばれ、NASAではアジア系初の宇宙飛行士でもあります。チャレンジャー号には、小学校教師のクリスタ・マコーリフ飛行士も搭乗し、「Teacher in Space Project」（宇宙授業プロジェクト）初の教師として宇宙授業を行う予定になっていました。レーガン米大統領（当時）が打ち上げを見るためにフロリダ州のNASA・ケネディ宇宙センターに足を運んだこともあり、非常に注目を集めたミッションでした。それなのに発射73秒後、大勢の観客の目前でチャレンジャー号は爆発してしまったのです。

矢野　私はチャレンジャー号の事故当時、東京に住んでいました。夜中にCNNの日本版ニュースで打ち上げを見ていて、ロケットがいきなり爆発の光になり、何が何だかわからず眠れなくなりました。今のようにネットがなかったので、とても気を揉んでいました。

野口　そうですね。僕もテレビのニュースを食い入るように見ていたと記憶しています。でも、その当時僕はまだ大学生で、自分が宇宙飛行士になれるとは思っていませんでしたから、事故のニュースを見て衝撃を受けつつも、自分に関係のあることとは捉えていませんでした。

一方、２００３年2月1日、着陸直前に空中分解を起こしたスペースシャトル・コロンビア号事故では、一緒に仕事をしてきた仲間であり、友人7人が一度に命を落としたわけです。しかも、その1か月後の3月1日には、自分が次のスペースシャトルに乗って打ち上げられる予定で、訓練は大詰めを迎えている最中でした。

祖父母など上の世代が逝くことと、同世代の仲間が命を落とすことは違います。さらに病気のように時間をかけて徐々に受け入れていくのと異なり、突然7人の仲間を一度に失うのは、とても受け入れがたく精神的にきつい出来事でした。

しかも、自分のやっている仕事で、自分が乗ろうとしていた乗り物による事故です。次は、自分に起こるかもしれないし、飛行順番が違えば自分が命を失っていたかもしれない。他人事でなく、自分の痛みとして感じました。

亡くなった7人の中には、ＮＡＳＡ宇宙飛行士養成クラスで約2年間苦楽を共にした同級生が4人いました。その中の一人、コロンビア号のパイロットを務めたウィリアム・マッコール飛行士は、プライベートでも親しくした仲です。彼も僕もスポーツが好きで、よく一緒にＮＡＳＡ内のコートでバスケットボールをしました。彼が長男を連れてきて一緒にプレイしたこともある家族ぐるみの付き合いで、妻や子どもたちもショックを受けていました。

（上）コロンビア号事故で亡くなった飛行士の中には、家族ぐるみで親しかった同級生ウィリアム・マッコール飛行士も。
（下）人類で初めて月面に着陸したニール・アームストロング飛行士の木の前には足型が。矢野さんの足と比べると大きい！

彼を含めた7人はみな非常に優秀な宇宙飛行士であり、夢に見た宇宙飛行の実現のために長い期間訓練し、宇宙での仕事は１２０％の成功を収めました。家族が待つ地球に、あと数分で着陸する直前に、スペースシャトルが突然、旅を中断してしまった。

自分たちが経験した宇宙の素晴らしさを世界に伝えたいと思っていたはずだし、家族との再会をどれだけ楽しみにしていたことだろう。そう思うと無念でならず、喪失感に包まれました。遺族の悲痛な姿を目の当たりにし、命の尊さを再認識すると同時に、埋めようのない悲しさを自分以上に大切に思う家族に味わわせることになるかもしれないという事実にどう向き合うのか、葛藤が始まりました。

死と向き合う

矢野　コロンビア号の事故で約2年半、スペースシャトルのフライトが凍結してしまいましたね。２００１年に９・１１（9月11日の同時多発テロ事件）が起こったアメリカでは、徐々にシャトルの復活がアメリカの復活の象徴にもなっていって、威信をかけたプロジェクトとして世界中の注目を集めていくのを感じていました。野口さんには失敗できないプレッシャーがあったと思いますし、ご家族のことを思うと、命の危険のあるフライトについての葛藤もあったと想像するのですが、それらをどう乗り越えたのですか？

そして、宇宙飛行士の仕事は「リスキービジネス」と言われましたが、野口さんは次のフライトでも、アメリカの新しい民間宇宙船クルードラゴンに搭乗されますよね。しかもその運用初号機、つまりＮＡＳＡがクルードラゴンを正式なＩＳＳへの移動手段として認証してから最初の飛行に乗ることになります。

15年前のスペースシャトル復活フライトに続き、今回も歴史的なフライトになりますが、プレッシャーはありますか？

野口　実は宇宙飛行士は毎回、宇宙に飛び立つ前に「遺書」を書きます。ただし、一般的にイメージされるような遺書とは少し違い、とても実務的な書類なんですけどね。宇宙飛行士の訓練とは、つきつめればリスクやトラブルにどう対応するかの準備作業です。ありえないトラブルが不幸な組み合わせで重なった場合を想定して訓練し、考えうるリスクを可能な限りつぶして宇宙飛行に備えます。でも、どんなに周到な準備を重ねても、予期しえないことは起こります。それが「Space is hard」といわれる所以《ゆえん》です。

実際、スペースシャトルは全１３５回の飛行中、２回事故を起こし、14人が命を落としています。その確率は決して低くはありません。70回に１回は事故を起こす飛行機には乗りませんよね？

だから、最悪の事態でも家族が困らないようにしておきたい。遺書には資産はどうするか、何を誰にあげるか、お葬式をどうするかなど実務的なことを記しておきます。自分が死ぬというリスクをゼロにできない以上、それに対する備えは必要だ、という冷静な準備作業ということもできるでしょう。

でも正直にいえば、コロンビア号の事故に直面するまで、僕自身、自分が命を落とす可能性については、ほとんど考えていなかったと思います。

僕が２００１年に初飛行に任命されたときは、２００２年７月に打ち上げ予定で船外活動は１回だけ行う計画でした。船外活動は二人一組で行う決まりなのですが、外国人で船外活動のチーフに任命されたのは僕が初めてでした。

宇宙船の外に出て、宇宙空間を遊泳する船外活動は、宇宙飛行士なら誰でもやりたがる花形です。その一方で、船外活動中に数ミリのデブリ（宇宙ゴミ）が当たったり、ＩＳＳの構造物に引っかかったりすれば宇宙服やヘルメットに穴が開き、空気が漏れて死に至る可能性があります。つまり、危険と隣り合わせの仕事です。

だから、技術が認められないと船外活動の仕事には任命されません。初飛行で船外活動のチーフに指名されるのはとても光栄なことでした。

ただし、船外活動の「日本人初」は土井隆雄飛行士が１９９７年に実現していましたし、日本人で宇宙に行くのは僕が６人目。メディアにとってわかりやすい「日本初」がなかなか打ち出しにくい、ある意味地味なフライトでもありました。

そもそも僕は事故前には宇宙飛行士を「仮の姿」ととらえているところもあって、つつがなく宇宙飛行を終えた後は、「まぁ、面白い体験だったけど、そろそろ正気に戻るか」と大学院卒業後に勤務していたＩＨＩのエンジニアに戻る。そんな「なんちゃって宇宙飛行士」でもいいかなと思っていました。

矢野　「ちょっと宇宙に行ってきました～」みたいな感じですか？

野口　まさに（笑）。それが、コロンビア号の事故で一変します。宇宙飛行の意味を深く見つめ直さざるをえなくなりました。

自分の前に、この発射台から飛び立った仲間たちは帰ってこなかった。それでも君は行くのかと。

周囲からはいろいろな形で反対する声もありましたし、自分でも答えを見つける必要がありました。考え抜いた上で出した結論は、「僕はそれでも飛びたい」ということでした。

宇宙に行くことは人類の可能性を広げること、自分が生きている証として挑戦した結果を子どもたちに見せたい。次世代に繋げたいと思ったのです。コロンビア号の仲間たちが中断した旅を続け、彼らの分まで宇宙体験を伝えたいし、コロンビア号事故を風化させないぞという思いもありました。

だからといって、命をかけていいわけではありません。生きて帰ってくるために不安要素をすべてつぶし、安全だと納得しなければ飛ばない。チームのコマンダーであるＮＡＳＡのアイリーン・コリンズ船長もそう公言していたし、自分自身も挑戦することのリスクをシビアに見るようになりました。

自分は納得しても、家族にその考えを押しつけるわけにはいきません。僕は夫であり、事故当時４〜８歳の３人の娘たちの父親でもあります。家族に納得して応援してもらえるよう、根気強く話を続けました。

小学2年生だった長女は、友だちのお父さん・お母さんが亡くなって悲しい思いをしていたし、学校でも事故について友だちや先生と話をし、不安を抱えていたと思います。そこで僕は誤魔化したり逃げたりせず、できる限り正直に、正確に伝えました。少しずつ家族は応援しようという気持ちになってくれたようでした。その点では、飛行まで2年半の歳月があったことが幸いしたように思います。

矢野　子どもたちって本当に大人の世界をよく見て、よく考えていますからね。

野口　そう思います。並行して、事故の原因究明と対策も進められていきました。原因究明に大きく貢献したのが、コロンビア号の破片の回収です。スペースシャトルの帰還ルートは二通りあり、通常は南太平洋からメキシコ湾を北上する南ルートを通ります。しかし、コロンビア号は北からアメリカ大陸を横切る北ルートで、着陸地であるフロリダ州のNASA・ケネディ宇宙センターに向かっていました。

空中分解が始まったのは着陸約15分前、ロサンゼルス上空と考えられています。テキサス州上空に多数の破片が降り注ぎました。それが不幸中の幸いでした。

直後からコロンビア号の飛行経路に沿って連日1200人以上による破片探索作業が行われ、2003年4月には私たちのチームも作業に参加させていただきました。場所はテキサス州東部のナカドチェス。20人が3メートル間隔で一直線に並び、分厚い防護服を着て森林の中をまっすぐに進むこと約1時間。かなり深い森に分け入ったところで、私の横の人が長さ20センチ、幅5センチほどの破片を見つけ出したのです。

真っ黒にすすけていたものの、それは紛れもなくコロンビア号の破片でした。事故から2か月、深い森の中に埋もれていたと思うと、コロンビア号の遺骨を拾っている気持ちになり、改めて彼らの冥福を祈りました。[*1] 破片回収作業はその後も行われ、最終的に機体の約38%を回収できたことで、原因究明に大いに役立てられたのです。もし南ルートで帰還していたら、破片は回収できず、原因究明は困難を極めていたことでしょう。

事故再発防止対策には時間がかかったものの、我々のミッションは「Return to Flight」と呼ばれ、事故を乗り越えアメリカが再び宇宙に戻る、いわば人類史に刻まれる歴史的飛行として注目されるようになっていきました。

アメリカにとって一大イベントとなる重要な宇宙飛行で、日本人である自分が船外活動チーフという大役を担うことができるのか、アメリカ人飛行士に交替させられるのではないか、という不安も正直ありました。しかし、コリンズ船長はクルーの交替はしないと明言し、責任を全うさせてくれたんです。だからこそ船長の期待に応え、誰にも文句を言わせない完璧な仕事をしようと、私と船外活動のバディ（相棒）、スティーブ・ロビンソン飛行士は訓練を重ねました。そして本番で任務を果たし、無事に家族のもとに帰ることができました。

３度目の飛行で乗る予定のクルードラゴンは、テスト飛行に続いて有人飛行の２回目。アメリカ人以外でクルードラゴンに乗る宇宙飛行士は、世界で私が初めてになります。僕には「切り込み隊長」的な役割がよく回ってきますが（笑）、それは望むところでもあります。

新しい宇宙船の２回目のフライトに乗ることには、もちろんリスクはありますが、基本的な考え方は「Return to Flight」と同じ。無謀な冒険をしに宇宙に行くわけではありません。まず人類の未来のためにやるべき仕事と納得すること。リスクは完全にゼロにはなりませんが、どの程度のリスクなら許容できるか。許容リスク以下になれば、飛ぶ。

そもそも飛行機に乗ってもリスクはあるし、僕は大学時代にアメリカンフットボールをやっていましたが、アメフトも脳震盪《のうしんとう》などのリスクが高いスポーツです。これなら大丈夫というリスクの見極めは、自分の中にしっかり持っていたいと考えています。

音がない、気配がない

矢野　野口さんの初飛行は２００５年７月でしたね。宇宙飛行士候補者に選ばれたのが１９９６年ですから、10年近く経って、ようやく夢が叶ったわけですよね。

そして初飛行で船外活動をなさいました。約15日間の宇宙飛行中に３回、１回あたり６〜７時間で合計約20時間！　お食事もほとんどとらずに７時間って、相当きつそうです。

改めて、宇宙空間に出たときのことを詳しくお聞きしたいです。宇宙船の外に出るときの「三途の川を渡るような気持ち」について、どんな感覚からそういう表現をなさったのでしょうか。宇宙空間は、どんな世界なんですか？

野口　まず、宇宙へ出る準備の話からさせてください。けっこうな装備や準備が必要なんです。
第１章でお話ししたように、宇宙空間は真空、つまり空気がなく、ほとんどゼロ気圧です。昼と夜の２７０度以上もの激しい温度変化が、45分おきに訪れる過酷な世界です。人間は生身の状態では宇宙空間に出られません。ですから「ミニ地球」を持って出る必要があり、そ

宇宙服の背中に酸素やバッテリーなど「ミニ地球」を背負うことで、１回約７時間の活動が可能。
©NASA

の役割をするのが宇宙服です。

宇宙服は大きく二つのパートに分けられます。まず、14層の生地で構成された約１２０キログラムの宇宙服本体で、宇宙飛行士の身体全体を保護します。そして背中に酸素やバッテリーなどを詰めた、「ミニ地球」である生命維持装置をリュックのように背負います。

14層の宇宙服本体のうち、素肌に身に着けるのが冷却下着です。長さ約84メートルものチューブが縫い込まれていて、チューブに水を流して体温が上昇するのを防いでくれます。

宇宙服内部には０・３気圧の純酸素を満たします。気圧を上げすぎると宇宙の真空との気圧差で手袋がパンパンに膨れ作業しにくくなるため、１気圧より低くするんです。宇宙服の繋ぎ目からわずかでも空気が漏れたら命取りとなりますから、同僚の宇宙飛行士が入念にチェックしながら、約3時間かけて慎重に宇宙服を着るのを手伝ってくれます。

宇宙船内から宇宙空間に出たり入ったりする玄関口が、「エアロック」です。

でも、地上のように簡単にドアを開け閉めして出入りすることはできません。二重ドアのような仕組みになっていて、まずスペースシャトル側のドアを閉めてからエアロック内部の気圧を下げ、宇宙空間と同じゼロ気圧にします。完全に真空になったことが確認できたら初めて宇宙空間側のドアを開けて、宇宙船の外に出られます。

エアロックで空気を抜いていくにつれて、最初はシューシューと聞こえていた音が徐々に小さくなってきます。ゼロ気圧になるとほとんど音は聞こえません。危険な領域に入ったことが本能的にわかります。不気味なほどの寒さと静けさ、増していく緊張感。

エアロックの中は、もはや宇宙です。

いよいよ、外に出る時間です。エアロックのドアを開けて頭から出ていくと、４００キロメートル下に地球が見えました。「What a View!（なんて景色なんだ！）」と思わず口にしましたが、同時に感じたのが「地球に落っこちそう！」という恐怖です。

東京タワーに行ったことがある方は、高さ１５０メートルのメインデッキで、ガラス張りになって真下が見える場所をご存じかもしれません。ガラスの床があるから絶対に落ちないとわかっていても、はるか彼方に豆粒のように見える車や人を見ると足がすくむというか、怖いですよね。

僕が宇宙船から出たときの感覚は、東京タワー展望台のガラス張りの床から下を見たとき、または床そのものがない感じに近いです。あるいは、映画『007』シリーズや『ミッション：インポッシブル』で、飛んでいる飛行機の床が突然バッと開いて「おお！」と一瞬ひるむ感じ、といえば伝わるでしょうか。

つまり手を放したら一気に地上まで落ちてしまうような感覚に襲われるのです。ほとんどの宇宙飛行士が同じような恐怖を感じ、手すりをぎゅっと握ると聞いていましたが、僕も無意識にしっかりと手すりを握っていました。

矢野　私は高いところは割と大丈夫ですが……。

野口　それは頼もしい！　僕が船外活動を行ったのは、宇宙飛行5日目。無重力状態に慣れ始めた時期ではありましたが、重力がない環境での新しい基準をまだつくることができていませんでした。だから400キロメートル下の地面や海が見えたとき、この手を放すと落ちるかもしれないという地上の感覚が蘇ってしまう。３回目の宇宙飛行でようやく、手すりを握らなくなりました。

　船内ともっとも異なると感じたのは「地球との関係」です。宇宙船の中から見る地球は、窓枠の中に納まった「景色」です。空気が満たされた安全な船内でさまざまな角度からその眺めを堪能し、あの場所はどこだと鑑賞したり、写真を撮ったりすることもできます。

でも、宇宙空間に出ると、地球と自分の間には遮るものは何もない。同じ宇宙空間に浮かぶ者同士が一対一で対峙することになります。

　地球が放つ輝き。その眩しさに圧倒されながら、僕はずっと緊張感に包まれていました。

自分が「死の世界」に包まれていることを直感的に感じていたからです。

　宇宙空間に出た途端、「ここは生き物の存在を許さない世界である」「何かあったら死しかない」ことが、理屈抜きにわかります。

まず、音がない。物を持ってぶつかったりしても、音が聞こえることはありません。

そして、気配がない。自分たち以外に、動く生き物の気配がみじんも感じられません。

そして、一切の命を拒絶する、絶対的な闇。

死の世界と自分を隔てているのは、薄いヘルメットと宇宙服です。もし、ヘルメットにご

宇宙の中にぽっかりと浮かぶ地球の姿。

く小さなデブリでも当たって穴が開いたら、あるいは宇宙服をどこかに引っ掛けて小さなほつれができたら、僕は死ぬ。一瞬でも気を抜くことは許されない。

死の淵に接しながらも、不思議と恐怖はありませんでした。

毎回エアロックで徐々に小さくなる音を聞き、宇宙船の中から宇宙空間に出るとき、これからあの静かな世界に行くんだぞ、と覚悟を決めていたように思います。

仏教では、現生と死後の世界は三途の川と呼ばれる川で隔てられているという考え方がありますよね。死者はその川を渡っていくのだと。宇宙空間に出るとき、僕はその「三途の川」を渡って、「死の世界」である宇宙空間に出ていくような気持ちがしていました。

指先が、死の世界に触れている

矢野　死の世界のような宇宙空間に出ていくなんて、話を伺っているだけでゾクゾクしますが、野口さんが見た宇宙や地球の様子を詞にして、ぜひ曲を作ってみたいとも思いました。

野口さんは船外活動の訓練を地上で８００時間もなさっていたと先ほど言われましたが、それだけ訓練を重ねても実際の宇宙空間は違うものでしょうか？　闇に襲われる感覚と先ほどおっしゃっていたのはどういう感じなのですか？

野口　失敗できない船外活動のために、僕とスティーブは８００時間もの訓練を重ねました。でも、どれだけ訓練を重ねても再現できないことがあることを、宇宙で痛感しました。

地上での船外活動訓練は、無重力状態を模擬するためにＮＡＳＡの巨大な潜水訓練プールＮＢＬ（Neutral Buoyancy Laboratory）で行います。プールの中で水の浮力を利用し、身体に重りをつけてバランスをとり、無重力状態に近い中性浮力の状態を作ります。

縦60メートル、横30メートル、深さ12メートルの大きさがあるプールの底にはＩＳＳの実物大模型が沈められていて、実際に宇宙で行う作業を繰り返し訓練します。宇宙飛行士の身体に作業を記憶させるのです。ＮＡＳＡではこれを「マッスル・メモリー」と呼びます。

ＮＢＬでは確かに無重力状態は模擬できますが、実際の宇宙空間とは異なることがいくつかあります。その一つは水の抵抗です。

たとえば、僕たちは1回約7時間の船外活動で１００種類近くの道具を使います。プールの訓練では水の抵抗によって、道具箱をあけても道具が飛び出したりしませんが、宇宙で道具箱をあけると、中の道具がびっくり箱のように飛び出してしまいます。

そして、とまどったのが力のかけ方です。移動するとき、ほんのわずかな力でいいのに、宇宙ではつい力を入れすぎて、飛びすぎてしまう。「しまった！　行きすぎた」と思って戻ろうとして逆向きに力を加えブレーキをかけようとすると、今度はブレーキが強すぎて手すりをつかみ損ねそうになる。まるで運転免許をとりたての若葉マークのドライバーのように、急加速と急ブレーキを繰り返して、体力を消耗するのです。

船外活動を始めた最初の1時間はこの繰り返しで、かなり焦ってしまいました。相棒のスティーブも同じように疲弊していることがわかり、声をかけ合って一息ついてからは、慣れていきました。合計約20時間船外活動をしましたが、最初の1時間と残りの19時間の疲労度が同じくらいです。

NBLとのもう一つの大きな違いは、宇宙では誰も助けてくれないということです。NBLの訓練では、朝6時頃から支援のダイバーや技術職員がおおぜい準備にとりかかっています。まるで魚市場のような賑わいです。訓練中も頻繁に声をかけ合って、宇宙飛行士が訓練しやすいように、さまざまなサポートをしてくれます。

一方、船外活動中に頼りになるのは、自分を除けば相棒の宇宙飛行士だけです。船内には指示を出してくれる宇宙飛行士がいますが、宇宙空間で緊急事態が起こった場合、2人だけの力で危機を乗り越えなければなりません。たとえば、もし１人にトラブルが起こって動けなくなったら、もう１人の宇宙飛行士が背負ってエアロックまで戻る必要があります。
　無限に広がる宇宙の闇の中で、何が起こってもたった２人ですべての作業を完遂しなければならない。そのときに、もし通信機が故障して交信が途絶え、仲間の声が聞こえなくなったら究極の孤立状態になる。つまり、「絶対的な孤独」を感じるのです。
　そして、手を伸ばせば死の世界がそこにある。もっといえば、「指先が死の世界に触れている」実感があります。これは宇宙で初めて得た感覚でした。

矢野　〝絶対的な孤独〟こそ、宇宙へ出たものだけが味わう特権なのかもしれません。

野口　そう思います。そして地上で決して再現できないのが、45分ごとに訪れる昼と夜。
　昼から夜になるときは、足元の地球がどんどん暗くなってきます。そしてつい先ほどまで明確に見えていたＩＳＳのトラスが、まるですべての電気をいっせいに落としたときのようにバーッとたちまちに見えなくなります。冷静に考えれば、夜の世界とは、地球の太陽光が当たらない側に我々が乗っている宇宙船が入っていくだけのことです。しかし、あたかも夜の世界に取り込まれるような恐怖を感じます。

夜に入ると、宇宙服のヘルメットの日よけ用のバイザーをあけ、ヘッドライトを点灯し、手袋の指先のヒーターをオンにするなど、夜用の装備を大急ぎで整えます。逆に昼になるときは、ヘルメットのバイザーを下ろし、下着の冷却水を全身に回して宇宙服内部が暑くなりすぎないようにします。これらを45分ごとに繰り返します。

作業に集中していると、45分なんてあっという間です。最初は、昼と夜のあまりにドラスティックな変化にとまどいます。そんなときに、筋肉の記憶が効果を発揮します。

しかし、何回か昼夜サイクルを繰り返すうちに、頭で考えたり時間を確認したりするより早く、身体のほうが「もうすぐ闇が襲ってくる」と感知するようになります。

微妙な温度変化、太陽の光や熱を体中のセンサーが敏感に感じ取っているのではないか。地上とまったく異なる環境に置かれると、今まで眠っていたセンサーが目を覚まし、その環境に身体全体で反応し、適応していくことを感じました。

また、最初は４００キロメートル下に落ちたらどうしようと、ＩＳＳの手すりをつかんだり、命綱が外れていないか頻繁に確認したりしていたのに、そのうちＩＳＳと一緒に自分が地球の周りを回っていて、手を放しても決して落ちることがないことがわかってきます。

宇宙服も視界が限られ、手袋は真空との気圧差から少し膨らみ、ごわごわして扱いにくいのに、そのごわごわした感じも含めて、まるで自分の身体の一部のように自然に感じられるようになるときが一つのターニングポイントです。

そこを超えると、生まれてからずっと宇宙を回っていたんじゃないかと思えるぐらい、浮遊感が自然なことのように感じられます。自分自身が星になって超高速で宇宙を飛ぶ楽しさ。人間は新しい環境に適応することが可能な動物であることを確信しました。

「残り時間」を意識する

矢野　地球に生命が生まれてからずうっと重力の中で生きてきたのに、ほんの数日間、宇宙で暮らしただけで新しい環境に適応できるという事実をお聞きして、とても驚きますし、訓練の賜物でもあるということもわかりました。

その一方で、船外活動では宇宙服に「ミニ地球」を背負っていくとおっしゃっておられましたが「死の世界」に包まれて、しかもたった２人だけで作業をしながらも、酸素が残り数時間分しかないというのを意識していないといけないわけですよね。野口さんは、残り時間を意識して焦ったりすることはないのでしょうか？

また、ご家族は地上でお父さんの活動をかたずをのんで見守っていたのでしょうか？

野口　焦らないように８００時間の訓練があるわけで（笑）。船外活動に出るためにエアロックのドアをあけた瞬間に、「ここから先は死の世界だ」という緊張感があるとお話ししましたが、その一方で、自分の宇宙服の中には命が詰まっているという自信もあるんです。

その命とは酸素であり、バッテリーであり、食べ物であり、水です。ただし、その量には限りがあります。酸素ボンベに入れられる酸素量やバッテリーの電池の量などから、１回の船外活動時間は約7時間と決められています。

その間は、ほとんど食べたり飲んだりしないで作業をしますから、船外活動が終わるたびに腕や手はしびれて、ぐーを握ることもできないほどになります。でも、湿布を張って眠れば一晩で回復します。また、船外活動全体では水の抵抗力がない分、地上のプールで行う訓練よりは体力を消耗しません。楽なんです。

ちょっと怖い話をしますね。僕たちは宇宙で空気漏れが起こって酸素が欠乏したとき、自分がどんな症状になるかをあらかじめ把握しておくことが必要です。たとえば、宇宙服に小さな穴が開いても気づかないことがあります。でも、酸欠になったときの自分の状態を知っておけば、「酸欠だ！」「どこか空気が漏れているはずだ」と気づくことができます。

そのための訓練があるんですよ。低気圧チャンバーといって、10人ぐらい入れる低圧環境を模擬できる設備の中に入ります。あえて圧力を下げて低酸素状態をつくり出して、簡単な計算問題を解いたり、自分の状態を観察したりします。この低圧訓練は身体にも負担が大きいので、もちろん専門の医師が立ち会うのですが。

よく、宇宙モノの映画などで空気漏れが起こって、「はぁはぁ」と息苦しそうにしていたりしますよね。でも、実際は酸欠が起こっても苦しくはありません。それは、身体が弱るより先に意識がなくなってしまうからです。酸素が薄くなるにしたがって、だんだん意識が薄れていくのが一般的な反応なんですが、コテンと寝てしまう人もいるし、突然高揚感を感じて「ハハハハ」と笑い出す人もいます。トリップしている感覚に近いのかもしれませんね。

いずれにせよ、５分くらいで意識がなくなってしまう。そのまま放っておいたら危険なので、すぐに１００％の酸素を吸わせてくれるのですが、そうするとぱっとすぐに目覚めて「あれ、自分は今何してた？」みたいな感じになります。

二酸化炭素濃度が高くなった場合の状態も把握します。そんなふうに、地上であらゆる状態を想定して訓練をしておくので、本番では多少のとまどいはあっても、あまり怖さは感じない。

矢野　はぁ……宇宙モノの映画には過剰な演出があるわけですね（笑）。

野口　そういう面は否定できないですね（笑）。

船外活動に限らず、人間が生き延びるための「リソース」が限られている点では宇宙船も同じです。ロシアのソユーズ宇宙船も、今度僕が乗り込むスペースXのクルードラゴンも、ISSにドッキングすることを目的として打ち上げられますが、宇宙船だけで僕らが生きられる時間は、ほんの数日なんですよ。

打ち上げ後、無事にISSにドッキングできればいいけれど、万が一ドッキングできなければ地上に降りてくるか、さもなければ4～5日後には全員が命を落とすことになります。宇宙船に積める酸素の量にも、呼吸をしたときに吐き出す二酸化炭素を除去する機能にも限りがある。それが、「命の残り時間」を決める重要なファクターになります。

そういうリソースの限界が一番はっきりするのが船外活動なのです。船外活動ではエアロックのドアをあけた瞬間から戻るまで通常7時間を超えたらアウトだし、船外活動中に万が一、小さなデブリが当たったりして宇宙服に空気漏れが起きたら、30分以内にエアロックに戻らないとアウトです。

つまり、地球のリソースをリュックに積んでハイキングするのが船外活動で、リュックの中身がなくなる7時間以内に家に帰らないといけない。ソユーズ宇宙船やクルードラゴンの場合には、4日以内に家に帰らないといけない。そしてＩＳＳの場合は、地球からの補給がなければ3か月しか住むことができない。ＩＳＳでは尿から飲料水をつくり出すことで、資源の一部をリサイクルしていて、その機能を広げようとしていますが、資源が限られている点ではどれも同じことです。人工的に「ミニ地球」をつくり出しているだけだから。

常に残りのリソースを意識するのは、宇宙飛行士のあらゆる仕事の大原則です。

家族はどんな思いで船外活動を見守っていたか。最初は確かにかたずをのんで見守っていたかもしれません。「今日は宇宙船の中にいないんだ」みたいな感覚で。でもだんだん慣れてきたんじゃないかと思います。

そういえば、3回目の船外活動が終わった後に子どもたちと電話で話しましたが、末っ娘（当時6歳）はどうやら外国に出張中と思っていたようで、けんかの仲裁を求められました。変に緊張して心配されるよりも気が楽になりましたが（笑）。

緊急事態への備え

矢野　船外活動に限らず、宇宙飛行士は、死の空間にＩＳＳという「ミニ地球」を人工的につくり出した中で仕事をしているわけですから、どこにいても常にリスクを意識しているわけですよね。

昨日見学させていただいたＮＡＳＡ・ジョンソン宇宙センターでも、宇宙飛行士は緊急事態の訓練をＩＳＳの実物大模型で繰り返すとお聞きしました。宇宙船の外に出るときがもっともリスクが高いとは思いますが、宇宙船内でもたとえば火災が起こったら命とりですね。

なので火災が起こったと仮定して、訓練を繰り返すのだと。その訓練の成果だと思いますが、ＩＳＳでは建設から20年間経っても、火事が起こったとは聞かないし、死者も出ていません。これはすごいことではないでしょうか？

ISSの日本実験棟「きぼう」実物大模型の入り口で。ISSの進行方向の一番前にある。NASA・ジョンソン宇宙センターにて（2020年2月14日）。©マイナビニュース

野口　ＩＳＳでは火災は起こっていませんが、ぼや騒ぎは時々あります。

実はＩＳＳでは１９８６年から２００１年まで飛行していた旧ソ連の宇宙ステーション・ミールの経験が活かされています。ミールでは火災もあれば、貨物船の衝突事故も、空気汚染も起きました。ＩＳＳでは「火災・空気漏れ・汚染」が３大緊急事態といわれていますが、ミールではすべて経験しているわけです。ある意味、災害のオンパレードを経験したといっていい（笑）。

ミールでは２メートル四方の通路をふさぐような炎が出たというレポートがありますが、それでも宇宙飛行士たちは消火し、燃焼後にはさまざまなフィルターで空気中の有害物質を除去して、ミールを復旧することができました。だから、さまざまな非常事態に遭遇したにもかかわらず、ミールでは死者を一人も出していないのです。

現在のＩＳＳにはロシアの居住棟がありますが、それはほぼ、宇宙ステーション・ミール

と同じ環境です。伝統を受け継ぎ、改良を加えながら使えるものは使い続けるのがロシア流宇宙開発ですから。

確かに、ＩＳＳで緊急事態が起こった場合に備えた訓練は、地上で何度も繰り返します。ＮＡＳＡの訓練施設ではさまざまなケースを想定し、火災などが起こった場合の煙を発生させます。煙によって視界が絶たれた状態を再現し、その状況でも宇宙飛行士同士でコミュニケーションをとり、煙の原因は何か、火災ならどこで発生したかを突き止める。宇宙飛行士たちが適切な行動をとっているか否かを、模型内部に据えつけられた多数のカメラによって訓練担当官がモニターし、訓練後には厳しい評価が行われます。

もしＩＳＳで火災が起こって、ＩＳＳから救命ボートで緊急離脱を行わないといけないとします。その場合は、必ず自分が乗ってきた宇宙船を救命ボートにしてＩＳＳを離れる決まりになっています。ソユーズ宇宙船でＩＳＳに来たならソユーズに、クルードラゴンに乗ってきたならクルードラゴンに乗り込む必要がある。ＩＳＳのどこで火災が起ころうとも自分の救命ボートまでたどりつかないといけません。

緊急警報が鳴った場合、地震のときにテーブルの下に入るのと同じで、第一反応は自分がいる場所の近くにある防煙マスクと消火器を確保すること。どのモジュールにも防煙マスクと消火器が据えつけられています。
　次に火災の場所を確認することです。クルードラゴンはＩＳＳの進行方向先端の「ハーモニー」モジュールにドッキングしますが、「ハーモニー」で火災が起こった場合には救命ボートに乗るために迅速に消火し、退路を確保しないといけないのです。

矢野　ＩＳＳの実物大模型の中に入らせてもらいましたが、端から端まで50メートルぐらいあって、けっこう遠いんですね。

野口　そうですね。もし「ハーモニー」で火災が起こったときに、反対側の端のロシア居住棟にいたら遠いですね。消火のために大急ぎで向かわないといけません。鎮火後も、外壁が燃えたら空気漏れになる可能性があるし、燃えた後のガスには有害物質が発生する可能性もありますので、注意が必要です。
　こんなふうに火災は他の緊急事態と連鎖するおそれがあるので、ＩＳＳではちょっと煙が出たとか、機器の温度があがった時点でアラームが出るようになっていて、それが頻繁に起こります（笑）。ほとんどはセンサーが埃を感知してしまったなどの誤作動なのですが、夜中にアラームが鳴ったりすると、原因がわかるまで寝られません。

　それでも、宇宙飛行士はアラームが鳴り、何かトラブルが起こると腕まくりをします。「よ〜し、俺の出番だ。絶対にトラブルを解決するぞ」と。本当は何も起こらないのが一番なんですけど、ＩＳＳでの長期滞在となると期間も長く、退屈になることもあります。トラブル対処に燃えるのが、宇宙飛行士の気質みたいなところはありますね。

＊１　「野口宇宙飛行士訓練レポート 第６回『コロンビア号の破片探索作業に参加して』」（「ＳＴＳ‐１１４ミッションウェブサイト」ＪＡＸＡ、２００３年４月23日）

宇宙を知ることで、日々の気持ちが変わる――矢野

２０１７年に『Soft Landing（ソフトランディング）』というピアノの弾き語りのアルバムを出しました。「Soft Landing」とは、宇宙から地球に帰る宇宙飛行士に向かってかける言葉で「着地（ランディング）がソフトでありますように」、つまり旅路の無事を祈る言葉なんです。宇宙の本を読んでいるときに出会って、とても印象に残ったことからこの曲を作りました。

宇宙飛行は打ち上げ時も帰還時も、命の危険に晒されます。野口さんの同僚の宇宙飛行士は、スペースシャトル・コロンビア号の帰還時に機体が空中分解してしまいましたし、ソユーズ宇宙船の帰還時も宇宙船の分離がうまくいかず、通常と異なる飛行経路をとったために、怪我を負った宇宙飛行士がいると聞きます。

宇宙に果敢に挑戦する方たちの旅路が無事であるように祈りを込めて「願うのは抱きとめるから　やわらかな着地」と書きました。

私は宇宙について調べるのがとても楽しいんです。「なんでこうなってるの?」と思うことが次々出てきて、やめられない。でも、やっぱりほとんどの人たちには宇宙って難しいというイメージが強いのかもしれません。数学や物理がわからなければ、宇宙のことを理解できないと思っている人もいるでしょう。

でも、私自身がそうだったように、数学や物理の知識がなくても、宇宙を知ることで世界の見方や日々の気持ちの持ち方が変わります。あわよくば、音楽が宇宙への入り口になるといいなとも思っています。

たとえばカナダ人のクリス・ハドフィールド元宇宙飛行士は、２０１３年にデヴィッド・ボウイの名曲『Space Oddity』のカバーをＩＳＳで熱唱しました。デヴィッド・ボウイがかつて宇宙を想像して歌った歌を、ハドフィールド飛行士はリアル宇宙で歌った。デヴィッド・ボウイはそれに感動して YouTube への公開を許可したところ、世界中で話題になって、動画の再生回数は４７００万回を超えています。

野口さんにお聞きしたところ、ＩＳＳにはキーボードとギター、サックスがあるそうです。野口さんは初飛行のとき、キーボードを弾きましたが、鍵盤を押すと反作用で身体が浮かんでしまったとのこと。ピアノは打楽器だと感じたそうです。足を固定すると良いかもしれません。

ドイツ人のアレックス・ゲルスト宇宙飛行士が、ＩＳＳに滞在中に私の大好きなクラフトワークのドイツのライブに参加して演奏に加わりました。でも、まだミュージシャンは宇宙に行っていません。いつかＩＳＳから地球を見上げて（見下ろすのではなく）、音楽を作ってみたいです。

ＩＳＳの中のどこがライブ会場に適しているかについては、ＮＡＳＡの訓練用実物大模型を見学して下調べ済みです。ロシアンモジュールは壁がカーペットで音を吸収してしまいます。騒音が少なくて広くて音が比較的響く「きぼう」日本実験棟で行いたいと思っています！

第 3 章

生の世界

「死の世界＝宇宙」について語り合った2人。次のテーマは、死と対比をなす「命の星＝地球」です。私たちは「地球は丸い」ということや「自転している」という事実を知識としては知っています。また、宇宙飛行士や人工衛星が撮影する地球の映像はどんどん高精細になり、あたかも宇宙から地球を眺める宇宙飛行士の気分を味わうことが可能です。

それでも、宇宙飛行士たちが実際に目の当たりにしないとわからないという「地球の美」とは、いったいどんなものなのでしょうか。過去約570人の人類が宇宙飛行したことを第2章の冒頭で記しましたが、船外活動を行った宇宙飛行士は、その中でもごく限られた人たちです。死の空間に包まれながら対峙した地球は、何を訴えかけるのでしょう。

野口飛行士は、2度目の宇宙飛行で163日間の宇宙滞在を行いました。その間、地球をじっくりと眺め写真を撮り、ツイッターで投稿を始めます。宇宙飛行士がそれぞれツイッターアカウントを持ち、地球や宇宙の画像を投稿するのは今では珍しくありませんが、実はＩＳＳからツイッターによる画像の投稿を積極的に始めたのは野口飛行士です。半年間向き合った地球は、初飛行時とどう異なっていたかも聞いていきます。

　そして、野口さんから地球のかけがえのなさを聞いた矢野さんの問題意識は、「地球はなぜ奇跡の星なのか」「宇宙に秩序は存在するのか」という命題に向かいます。

すべての宇宙飛行士が伝えるのに苦労していること

矢野　宇宙空間で野口さんがご覧になった「漆黒の闇」に興味があります。おそらく地上で見るような黒い色とは違いますよね。第1章でＩＳＳやスペースシャトルでは45分ごとに昼と夜が訪れ、夜になると「真夏のビーチから急に真っ暗闇の洞窟に入るようだ」と表現されていました。夜が来ると闇に襲われるように感じると。
　中国やハワイなどには光の差さない巨大な洞窟があって、その全貌は今もつかめていないとも聞きます。地球上の洞窟に行けば、私たちは宇宙の闇を体感することができると思いますか？

宇宙で野口さんが見た「絶対的な闇」とはどんなものか、そして闇があるからこそ際立つ、光についてもぜひお聞きしたいです。

野口　宇宙空間の黒、それはおそらく、すべての宇宙飛行士が伝えるのに苦労していると思います。宇宙の「黒」は、地球上で目にするあらゆる黒と違うんです、本当に。

地上では、太陽光が反射する光を私たちは見ています。青い海も、緑の草も、黄色い砂漠も。同じように地上で目にする黒は、あくまで物体にはねかえった光を見て、「これは黒色だ」と頭で判断しているわけです。

一方、宇宙空間の黒は「何もない黒」なんです。それは光の反射ではありません。行った光が永遠に戻ってこない。吸い込まれてしまうような黒。「漆黒」というと色のようですが、色ではない。「絶対的な闇」といったらいいでしょうか。

洞窟の話が出ましたが、確かに洞窟を進んでいくと、光が届かず真っ暗で怖いですよね。「宇宙の闇は、洞窟の暗闇と同じように怖いですか」と聞かれたことがあります。でも、洞窟の中ではいきなり窒息したりはしませんし、命の存在が許されない空間でもありません。洞窟の闇の怖さとは、光が届かないために、そこに何があるかわからないことの怖さではな

宇宙空間における「何もない黒」について語る。

いでしょうか。もしかしたら物の怪《け》が潜んでいるかもしれない。未知なるものへの恐れというか。

矢野　では、洞窟の物の怪が潜んでいるような闇と宇宙の闇とは、まったく質が違うんですね。

野口　そう思います。宇宙の闇の恐怖は、そこに何もないこと、一切の生を拒絶するような闇であることです。そんな「虚無の空間」で僕が目にしたものは、吸い込まれるような暗闇と、その闇を背景に、眩しく光り輝く地球です。

実は、その光景は、人間の眼球の限界でもあるのです。

宇宙が漆黒の闇になるのは「地球の昼」の間だけです。しばらくして宇宙船が「地球の夜」に入ると、闇だったはずの宇宙空間を、満天の星が埋めつくします。宇宙にある銀河の数は2000億個とも2兆個とも考えられていますから、宇宙のすべての方向に星や銀河などの天体があり、何百光年、何万光年もの彼方から届く天体の光を見ることができます。つまり、宇宙空間は何もない虚無の世界ではないのです。ロマンチックな言い方をすれば、宇宙は光に満ちている。

一方、地球の昼の間は、宇宙空間は真っ暗闇です。なぜかといえば地球の眩しさが半端ないから。人間の目の限界から、昼の地球の耐えがたいほどの眩しさに基準を合わせると、地球以外は真っ暗になってしまう。明るさの比が大きすぎるのです。そのため、宇宙空間には無数の天体が存在しているにもかかわらず、地球以外の宇宙空間は真っ暗な世界にしか見えません。

私たち宇宙飛行士が、もっとも伝えたいのに伝えきれないのが、この「宇宙空間」と「地球の眩しさ」の対比です。どんなに高精細な写真でも、４Ｋや８Ｋの映像でも、地球の眩しさは伝えきれません。

言い方を変えれば、満天の星を漆黒の闇に変えてしまうほど、地球は神々しく光り輝いているということです。

（上）ISSから見た昼の地球。
（下）夜の地球。星や銀河がうめつくす。
© NASA

「100%命の世界」と「100%死の世界」

矢野　地球の光がそんなに眩しいものだとは、実際に見ないとわからない感覚ですね。ますますその眩しさを浴びてみたい気持ちが募ります。

私たちは命に満ちあふれた地球に生きているから、地球のすぐ外側に生命が存在できない死の空間が広がっているということはなかなか意識できません。命があることが基本で、死は特別な感じがします。

でも宇宙にいると死の空間が支配しているわけで、命のほうが特別に感じられるんですね。死と生、闇と光。宇宙ではその対比が目に見える点が特別なのかもしれませんね。

野口さんが、宇宙で地球に出会ったときの様子や、どんなふうに見えたかについて、もう少し詳しくお話しいただけますか？

野口　地球との出会いで忘れられないのは、２００５年、初飛行の第１回船外活動で宇宙船の外に出たときの体験です。エアロックから出て身体の向きを変えると、いきなり丸い地球が目に飛び込んできました。

「地球は青かった」とか「地球は美しい」とよく聞きますが、実際に対峙した地球は、美しさ以前に、とにかくものすごい存在感で迫ってきました。

それは一個の生物として対面した感覚です。

とにかく光の量が猛烈で、圧倒されます。地上の船外活動訓練では巨大なプールでの訓練の他に、ＶＲ（ヴァーチャル・リアリティ）訓練も行います。ＶＲ訓練で繰り返し見たコンピュータグラフィクスの地球とは異なる、「生きている地球」でした。

地球は丸くて、ゆったり、堂々と自転しています。

地球の表面は青い海をたたえ、白い雲が表情豊かにその形を時々刻々と変化させていく様子が、くっきりと細部まで見える。宇宙空間には大気がないので、クリアなのです。ＩＳＳが飛行する高度は通常４００キロメートルで、飛行機が飛ぶ高度1万メートルの約40倍の高さを飛行しているのですが、４００キロも離れているのに手を伸ばせば届きそうな距離感です。

一人一人の人間が、植物が、さまざまな動物たちが地球上で命を謳歌していることが、リアルな存在として感じられました。「地球の眩しさ」は「命の輝き」そのものです。命の躍動感にあふれた天体だということが、感慨とか印象とかふんわりしたものではなく、天啓のような形で自分の中に起こりました。「すごい存在だ」と。

それは、写真や映像で見る地球とどう異なるのか。
たとえば写真を見て「花が綺麗」というのと、「今ここに花がある」という存在感は違いますよね。目の前の花から漂うかぐわしい香り、たっぷりと水分を含んだ質感、そよ風に揺れる微かな動き、触れたときの柔らかさ。それらがすべて組み合わさって、「僕ではない存在として、花がある」という確信が得られます。僕が宇宙で地球に感じたのは、それと同じぐらいのリアリティであり存在感です。

今はあらゆるものが疑似体験できる時代です。僕が子どもの頃は白黒テレビだったのがカラーテレビになって、映像はハイビジョンから８Ｋと高解像度になりました。しかし、本物の代替えができるかといえば、そうではない。

たとえば、スポーツ観戦。２０１９年の日本はラグビーＷ杯で盛り上がりましたよね。高解像度のテレビで見ると確かに選手の動きや表情までよく見えるかもしれませんが、スタジアムで大観衆の一人として応援するときの一体感はなかなか味わえない。どんなに高解像度の中継やＶＲでも、スタジアムやグラウンドに立つ人にしか感じられない風や空気、見えない景色があるわけです。

矢野　よくわかります！　私たちの業界でもＣＤはまったく売れませんけど、コンサートはお客さんが来てくださいます。そこに共に居て、響いている音を共有することに対価を払う。その価値は上がってきていると思います。

野口　そうでしょうね。船外活動で、僕は確かに「命を見た」という実感を得た。この体験を通して、僕の命の見方は明確に変わったと思います。

たとえば、「生と死が同時に存在し、明確にその違いがわかる例を出しなさい」と言われたら、ほとんどの人はご臨終の場面を例に出すと思います。一方、僕にとってそれは「宇宙で地球を見る」という体験でした。

僕たちは宇宙服を身につけて宇宙空間に出ます。宇宙服の中は純酸素で満たされ、水もあり１００％命が詰まっている世界です。でも、その外側には１００％死の世界が広がっています。

１００％の命の世界と１００％の死の世界を隔てているのは、ごく薄いヘルメットや手袋です。宇宙服の内と外で生と死がせめぎ合う、その緊張感はすさまじいものです。

同じ対比を、目の前の地球と宇宙空間とに見ることができます。１００％の命に満ちた地球と１００％の死の世界である宇宙空間を隔てているのは、ごく薄い大気のヴェールです。

一切の生を許さない宇宙空間の中で、地球だけが命を内包し眩しい光を放ち悠々と宇宙をわたっている。その両者を隔てるのは薄くはかない大気の層。その生と死のコントラストに強烈な印象を受けるのです。

自分が死の空間に包まれていたから、命に強く反応したのかもしれません。

地球は命そのもの。その外側にはどこを探しても命は見えません。地球外生命体はどこかにいると思っていますが、僕が目に見える範囲には、どこにも見当たりませんでした。


実は、宇宙に行く前は、地球はあくまで天体の一種であるという認識でした。太陽のように核融合を行い自ら光輝く恒星と比べれば、地球のような惑星はあくまで恒星ができるときの副産物。恒星の周りを取り囲むチリやガスから作られた天体であり、太陽の光を反射しているに過ぎない。その活動は恒星と比べれば、ずっと穏やかなはずだと。

ところが、実際に宇宙で見た地球はイメージした以上にダイナミックで、命の鼓動や躍動を感じました。天体を客観的に、クールに観察しようとしていたのに、明確に生きているものの対象として、地球に出会ってしまったわけです。

自分が知る過去40億年の生態系の歴史は、すべて目の前の地球で起こっている。地球自身もライフスパン（寿命）がある大きな命であり、その部分的な活動が生物。三次元的な空間の広がりとともに、宇宙や太陽系の連綿と連なる歴史も含めた四次元的な連なりの中に、自分が確かに存在する。そして、地球で生まれた自分が、地球から飛び出した生物として母なる地球に会いに行き、向き合っている不思議さ。

室町時代に能を広めた世阿弥が「風姿花伝」などの能楽論で「自分を離れ、観客の立場で自分を見る」ことを「離見の見」と表現しました。自分自身は決して見ることができないのに、その存在を第三者の立場で俯瞰しているようにも感じました。

我々は限りある資源で生きていることも一目でわかります。地上にいると太陽光はさんさんと降り注ぎ、水や石油などの資源は無尽蔵にあるかのように感じます。しかし、宇宙から見ると、命が存在するのは地球上のごく限られた領域であり、その外側は放射線が降り注ぐ冷たい死の世界。危ういバランスの上に命が成り立っていることは一目瞭然です。

命としての地球

矢野　それはある意味、奇跡のような風景なのでしょうね。野口さんがコロンビア号の事故でお仲間の死に直面されたことも、命に強く反応した理由かもしれないと思います。

　もし地球に大気の層がなくて、宇宙線がそのまま降り注いだら、生物は生きられない。つまり、〝大気圏がなければ死ぬ〟という事実を、地球の中にいる私たちは実感することは難しいですよね。それが宇宙からは一目瞭然に見える。太陽系の中で地球が程よいところに位置していて、ごく薄い大気圏の中だけで私たちが生きていることを知れば、誰でも感謝の念がわいてくると思います。

　私のニューヨークの家の近くに、ハイラインという空中庭園があってね。マンハッタンのど真ん中にあるんですが、夜は足元だけが照明で照らされるから空は暗くて、意外に星が見えるんです。その公園でたくさんのカップルが愛をささやき合っているのを見ながら、「君たちが

こうしていられるのは、あの空に木星がいてくれるおかげなのよ」とおばさんは言いたいわけです。木星は太陽系全体の重力に大きな影響を持っていますからね。宇宙は日常と別世界ではなくて、私たちと繋がっているんだよっていうことを伝えたい。

野口　ニューヨークのハイラインはお洒落な公園ですよね。カップルには「目の前の５センチだけじゃなくて、頭上の５００光年先を見なさい」と言いたくなりますよね（笑）。

話は戻りますが、僕がまず地球に命を感じたのは、「眩しさ」です。太陽からの光を浴びて、直視できないほどの眩い光を反射していること。もう一つは、「動き」あるいは「変化」です。宇宙空間で地球だけに動きがあり、変化がある。それこそが命であろうと。

動きとは、具体的には地球上の水の流れ。もう一つは地球自体の自転です。

地球はたくさんの種類の生物から成り立っていますが、宇宙からも認識できるほど大きな動きは水の活動だと思います。青々とした豊かな海の上を白い雲がさまざまに形を変えて流れ、台風が渦を巻き太陽光を反射して光る様子。雨が降り、雷が光り、川が蛇行し、大河になって三角州を作り海に注いでいく一連の流れ。海の上を船がまっすぐに進む軌跡も宇宙から確認できます。つまり、地球を命たらしめているのが水の動きなのだということが、外から見るとよくわかります。

ただし、雲や水については2度目の飛行から地球に帰ったとき、面白い感覚を得ました。カザフスタンの平原に着陸し、ソユーズ宇宙船から外に出て、草と土の自然の匂いを半年ぶりに胸いっぱいに吸い込んで広い空を見上げると、空に雲が浮かんでいることにびっくりしたんです。宇宙では、雲は常に見下ろすものだったから。

そのとき、僕は「大気の海の底にいる」と感じました。大気を水泳プールに譬《たと》えれば、雲はプールに浮かぶ浮き輪のようなもの。宇宙では浮き輪を見下ろしていたのに、地球に帰るとプールの底から水面に浮かぶ浮き輪を見上げているような感じです。そのときに気づいたのです。地球は「水が美しい星」と思ってたけれど、「大気の海」も同様に美しいのだと。

概念として「地球は生きている」といいますが、それを実体験として感じることができる人は少ないと思います。もちろん、宇宙に行かなくても生きている地球を感じる方はおられるでしょう。でも僕は「生きている地球を、この目で見た」といえます。

「地球、確かにあのとき見たから」と。「本当に丸いし、動いているし」。

矢野　「青いし」。

野口　青いし（笑）。そして地球は何に吊るされているわけでもないのに、自分自身で宇宙に浮かんで、静かに淡々と回っている。地球が自転しているということを知識としては知っていても、地球上に住んでいると、その動きを客観的に見ることは難しいですよね。そもそも地球は大きすぎて全体像が見えません。でも宇宙に出ると、地球は本当に回っていることを直視できるわけです。

命としての地球に対面した。

それはまさに僕の人生観を変える、人生の見方を変える体験でした。人生観が変わったというと、「地球環境を大事にするようになった」とか「人にやさしくなった」という話になりがちです。しかし僕の場合には、地球に命を見た体験は概念的でなく、極めて即物的な体験なのです。

その体験によって、地球に帰ってからの実生活でこんなふうに役立ったとか、人格が変わったとか徳のステージが急に上がったということはありません（笑）。また、そうでなくてもいいと思います。その体験は自分の身体の中に刻み込まれたものだから、決してなくなることはない。ただし、そこでしか見えない景色は確かにある。そして、体験がふっと蘇ることで、もしかしたら行動パターンや物の見方、言葉の使い方が自分でも気づかないうちに変わっているのかもしれません。

地球の美しさは、いくら眺めても見飽きない

矢野　その感覚、とてもよくわかります。音楽家でも才能は同じぐらいあって、音楽性自体は変わらなくても、なかなか売れるチャンスに恵まれない人はいっぱいいます。

私にとって売れた曲は『春咲小紅』だけですが、その曲でお茶の間に入ることが許されました。それまでずっと変わった音楽をやっている「孤高の人」だったのが、一時期は毎週テレビに出るようになり、たくさんの人に支持されちやほやされ、やがて落ち着いていく。「あれはなんだったんだろう」という、ある種の「バーンナウト」（燃え尽き症候群）みたいな時期も含めて「お茶の間に出た」という感覚があり「私はそこにいた」といえます。

決して「売れてなんぼ」とか「宇宙に行ってなんぼ」という乱暴な言い方ではなく、それで人格が変わるわけでもないけれども、そこから得た何かは、自分にとって宝物のようなものだと思っています。

野口さんは、初飛行から約5年後に2度目の宇宙飛行に飛び立ちましたね。宇宙滞在では

地球の見方、向き合い方は変わりましたか？

野口　はい。初飛行では船外活動で地球と対面するという、すごい体験をしてしまったわけですが、２週間のスペースシャトルの宇宙飛行中は分刻みのスケジュールをこなすのに精いっぱいでした。昼ご飯を食べる時間もほとんどなく、じっくりと地球を眺める時間的な余裕はありませんでした。僕らが搭乗したスペースシャトルはＩＳＳにドッキングし、ＩＳＳに長期滞在していた２人の宇宙飛行士の暮らしを垣間見ましたが、彼らは余裕があるように見えました。ちらっと地球を眺めただけで、そこが地球上のどこかをすぐに言い当てたし、地球上のあらゆる絶景や見るべき角度、タイミングを知り尽くしていた。

　その姿が印象に残っていて、次に宇宙に長期滞在したら、彼らのようにさまざまな角度から地球を眺めつくしたいと思ったのです。

　初飛行は２００５年の夏でしたが、２回目の飛行は２００９年12月～２０１０年６月で冬から初夏にかけての飛行でした。ＩＳＳは約２か月で地球のあらゆる場所を一めぐりします。それを３回繰り返せば、地球全体のことがだいたい理解できるんじゃないかという期待を抱いていました。

でも、いい意味で、その期待は裏切られました。2か月経って同じ場所に戻ってきたとき、季節が移ろっていることもありますが、前回とはまったく異なる地球がそこにありました。地球は二度と同じ姿形は見せません。

神は細部に宿るといいますよね。ＩＳＳにはさまざまな撮影機材があって広角でも望遠でも魚眼でも撮影できます。望遠レンズで、どんなに小さく切り取ったとしても、地球には初めて出会う美があり、予想外の驚きに満ちています。そして何万枚、何十万枚の写真を集めても、決して地球全体を再現することはできないのです。

それは人間の身体と同じといえるかもしれません。人間の身体は数十兆個の細胞からできています。しかし、それらをすべてかき集めても僕という人間はできないように、いくら写真を撮っても地球の全貌はつかみきれない。地球という存在の得体のしれない奥深さや底知れぬ魅力を感じました。

そしてじっくり地球を眺めることで気づいたのは、地球にはまだまだ「未知の美」が眠っているという事実です。風光明媚と知られる景勝地以外にも、ハッとするほど美しい造形や鮮やかな配色が無数にあることに気づきました。

たとえば、カリブ海やグレートバリアリーフの珊瑚礁は有名ですが、アフリカの東海岸に

（上）ISSから見たハリケーン
（下）ナイル川上空
©NASA

もエメラルドグリーンの美しい珊瑚礁がいっぱい見られます。また、巨大な山脈といえばヒマラヤ山脈が筆頭にあげられますが、中央アジアのアルタイ山脈やテンシャン（天山）山脈には、人が未だ足を踏み入れていないであろう100％ナチュラルスノウが眠っています。テンシャン山脈の南西にはアフガニスタンの高原が広がっています。こんなに美しいところが戦争の舞台になっているのか、と胸が痛む思いでした。

　人間の目は驚くほどよく見えます。ヨーロッパで洪水が起こった際は、茶色い水があふれている様子が際立ちますし、地震で都市が崩壊すると、周囲から白く浮き上がって見えます。時間を経て復興していく様子には、人間の力を感じます。

　特に僕が虜になり、撮影に熱中したのは、南米のパタゴニアです。海岸線の美しさ、氷河の地形やその色合いに夢中になって、何日撮り続けても飽きないのです。

矢野　ツイッターでＩＳＳから地球の画像を本格的に投稿し始めたのは、野口さんですよね？

野口　そうですね。ちょうど僕が宇宙に到着してからＩＳＳでネットが常時使えるようにな

野口さんのISS滞在中、展望室キューポラが取りつけられた。写真を撮影しツイートし続けると、世界中から爆発的な反響を呼んだ。© NASA

ったんです。試しに投稿すると想像以上の反応があって、宇宙の感動を双方向で共有するには、ツイッターが最適のメディアだと気づいたのです。

そこで、瞬間ごとの地球の美しさや、宇宙から発掘した新しい魅力を伝えたいと思ってツイッターに写真をアップし始めました。従来のルールでは宇宙飛行士が撮影した写真はまず、ＮＡＳＡに送ります。すると、それらの写真の中から地球観測の専門家がいいと思ったものを選んでＮＡＳＡのウェブに掲載していました。

でも、それはあくまで専門家の見方。僕が伝えたかったのは、色彩の鮮やかさであり、氷河のダイナミックさであり、造形の面白さ。視点が違うわけです。撮影した何百枚もの写真から自分の驚きが伝わる「この1点」を選び、より多くの人にダイレクトに伝えたい。

また、ある地点の上空を通ったときに、「宇宙からあなたの街の上空を通りましたよ、こんなふうに見えますよ」ということも伝えたかった。写真をツイートすると、世界中の人たちが反応してくれたのは驚きであり、喜びでした。

宇宙に行く前は、「地球の写真は多くの宇宙飛行士や人工衛星が撮影しているし、写真集もいっぱい出ている。みんな見飽きているんじゃないか」と思っていました。

でも世界には、そもそも宇宙機関に属していない国の方が多いのです。ＮＡＳＡなどの宇宙機関が地球の写真を無料で公開していることも知らないし、まさか自分のパソコンやスマートフォンに、宇宙で撮影したばかりの写真が届くとは思っていない人が多い。宇宙関係者が思っているよりも、宇宙や地球の写真は、世界の一般の人たちにとってハードルが高かったことが実感できました。

最初は僕が勝手に画像をツイッターにアップすることに難色を示していたＮＡＳＡも、投稿画像の人気が高まり、さらにオバマ大統領（当時）が交信で「King of twitter」と僕のことを呼んでくださると、どんどんやれと後押しムードになりました。

僕が宇宙滞在中、ＩＳＳに展望室キューポラが取りつけられ、地球を見る環境が整ったこと、ＩＳＳの通信回線が整備され、個人のＰＣからネットにアクセスできるようになったことが幸いしました。その場にある最適のツールや状況を見極め、使っていく。おそらく3度目の宇宙飛行でも、臨機応変に何らかの形で新しいことを見つけて発信していくと思います。

この宇宙が「無」から生まれたのはなぜか

矢野　地球にはまだまだ美しい場所があるんですね。それを宇宙からご自分で見るだけでなく、ツイッターで一般の私たちにおすそ分けのように共有してくださったことは本当にありがたいことだと思います。こんなに美しい惑星に住んでいるという事実を、実感できるわけですからね。

　毎朝必ず太陽が出て、陽が暮れる。当たり前のようで当たり前じゃない。太陽や地球、月が奇跡のような条件で存在していることで、私たちは生かされている。それを知ることは、〝生きていることの歓び〟を確認し培うことだと思うのです。

　私の祖父はクリスチャンで、私も小さい頃から聖書に敬意を持ってきました。なので、この宇宙は創造されたと考えるほうが理にかなっているのではないかと思っていますし、宇宙に対して畏怖の念を抱いています。宇宙がビッグバンで始まったとしても、それが広がって行くときに高度な秩序と、同時にとんでもないほどの偶然が重ならなければ、今ある太陽系は存在しなかったと聞いています。野口さんは、宇宙に何がしかの秩序があると思えるような経験をされましたか?

野口　そうですね。生を拒絶するような宇宙空間の中で、命の輝きを放ちながら回っている地球の姿を目の当たりにしたとき、人知を超えた存在を感じた気がします。

宇宙を貫く物理法則があって、その物理法則に従って星が生まれ銀河ができ……という宇宙の進化の中で惑星が誕生しています。だからといって、計画的に地球の今の状態をつくるのは大変だと思います。

現在は太陽系以外にも多数の惑星が発見されていますよね。その中には、地球のように中心の恒星から適度な距離にある岩石惑星もあれば、太陽系では見られないほど恒星のすぐ近くを回る、巨大なガス惑星もあります。

もし偶然が重なり合って、液体の水が存在できるようなハビタブルゾーンと呼ばれる位置にある岩石惑星に、地球のような環境が生まれたとしたら、その中である程度の高度な知性を持った生物が生まれる可能性は十分にある。つまり必然ではないかと思います。

それを秩序と呼ぶなら秩序ですよね。条件がほんのちょっと違ったせいで生物がいない惑星はいっぱいあると思う一方で、たまたま条件があって地球と同じような環境が整えば、そこで生物が進化していくのは秩序だったことじゃないかと思います。

宇宙の起源に関しては、矢野さんがおっしゃるように古今東西さまざまな学説、理論があると思います。たとえば、中世のヨーロッパでは太陽が地球の周りをまわっているという天動説がありました。その時代の人たちにとっては地球が宇宙の中心だったのです。天動説でも実は天体の運行に関して、相当な部分は説明できます。その時々で人々が理解しやすい方向で人類の世界観や宇宙観はつくられてきたし、これからもつくられていくのだと思います。

現在の宇宙理論では、ビッグバンと呼ばれる大爆発でこの宇宙が始まったとされ、宇宙創成10のマイナス数十秒後までは物理法則で解き明かしたと考えられています。ただし、どんなに頑張ってもそれ以前を解明することはできていません。特異点といわれる問題で、現在の宇宙理論では解明できない領域なのです。

では、この宇宙が無から生まれる創造の瞬間を担ったのは何なのか。それを神の存在だと考えるか、我々が理解している物理法則で導き出せないだけだと考えるのか。

哲学者のニーチェは１８８０年代に出版された著書『ツァラトゥストラはかく語りき』の

冒頭で、「神は死んだ」と書いています。神の存在なしには世の中のすべての動きや宇宙について説明できなかった時代が続いた後、産業革命や科学の発達で説明が可能になると、人々が神を信じなくてもよくなってきた。近代工業国家に移る過程で神を信じなくても成り立つ世界が出てきたということではないでしょうか。

それでも当然ながら、科学の限界はあります。理解したと思っても観測技術の進歩により新たな謎が発見されるわけです。現在の科学では、この宇宙の大部分を占めるのはダークマター、ダークエネルギーとされ、私たちがわかっているのは宇宙の4%に過ぎないと考えられています。僕たちが「昔の人たちは太陽が地球の周りをまわってるって思ってたんだ」と天動説の時代を笑うように、もう少し後の時代にはビッグバン理論を否定している可能性は大いにあるわけですよね。

矢野　本当にそうですよね。ビッグバンもセオリー（学説）の一つですもんね。

野口　そうですね。最新の科学的なデータに裏打ちされているとはいえ、まだ発展途上の理論だと思います。結局、特異点より先のことに、今の物理学は追いついていない。そこから先は神様の仕事としておいたほうが、腑に落ちるともいえるでしょう。その意味では、神様は自然界の謎を解決するために人間がつくり出した、方便ともいえるかもしれません。

あるいは我々が神と呼んでいるものが、宇宙そのものかもしれません。すべてを始めた人で、常に存在している人。その長さを持っているものは、我々が今知っている範囲では神しかいないわけですから。

神を認めることは科学の敗北ではない――矢野

医師である祖父が亡くなったとき、形見にもらった聖書を今でも毎日読みます。聖書にはとても大切なことが書かれてあると思っているんです。たとえば「自分のことを好いてくれる人だけを好きになったといって何になるでしょうか」という、人との接し方についての記述にはいたく感動しましたし、愛について書かれていることから『LOVE IS』という曲を作ったこともあります。

創世記には6日間でこの世界がつくられたと書いてあります。古代ヘブライ語では、「一日」の意味について24時間ではなく、「特定できない長さ、限定されない時間」という意味もあるようです。つまり24時間の6日間分で地球ができたわけではなく、計り知れないほどの期間、おそらく何億年をも費やして太陽や月や地球がつ

第 4 章

3度目の宇宙へ

本章では、宇宙への挑戦について掘り下げます。野口飛行士は２００５年の初飛行でアメリカのスペースシャトルに搭乗、２００９年12月からの２度目の宇宙飛行ではロシア・ソユーズ宇宙船に搭乗し、ＩＳＳで宇宙長期滞在。そして３度目は２０２０年。10年ぶりの宇宙飛行でアメリカの民間宇宙船クルードラゴンに搭乗し、懐かしの「宇宙の家」ＩＳＳに戻り約半年間滞在する予定です。

３つの異なる宇宙船に乗る宇宙飛行士は、ジェミニ宇宙船、アポロ宇宙船、スペースシャトルに搭乗したＮＡＳＡのジョン・ヤング飛行士以来、39年ぶりの快挙です。

しかし、野口飛行士は毎回、宇宙飛行士を辞めることを考えていたそうです。

地球上の人類約77億人の中で、宇宙飛行士はわずか数百人。憧れる人は無数にいても、ほんの一握りの人しかその職業につけない「夢の職業」です。

ところが、宇宙飛行士に選ばれても確実に保証された未来はありません。野口飛行士は２００３年のスペースシャトル・コロンビア号の事故以来、「明日、宇宙計画が終わってもおかしくない」と思っているといいます。明日の保証がない不安の中でキャリアを模索して生きるのは、他の職業となんら変わりないのです。

実際、２０１１年にスペースシャトルが退役した直後、多数の同僚宇宙飛行士がＮＡＳＡを去っています。宇宙飛行が決まった後に転職したロシア人宇宙飛行士もいます。

野口飛行士は2度目の飛行後、テレビ番組のキャスターを務めたり、東京大学先端科学技術研究センター研究員として「当事者研究」をテーマとし、アスリートや障害者の方たちとの対話を通して博士論文をまとめたりなど、さまざまな活動をしつつ模索を続けます。

そこに、どんな葛藤があったのか。なぜ宇宙に挑戦し続けることを選んだのか。

そして3度目の挑戦の意味とは。宇宙飛行士の光と影に迫ります。

宇宙に何を求めるのか

矢野　そもそも、野口さんはなぜ宇宙飛行士を目指したのでしょう。そして2度目、3度目の宇宙飛行には、1度目とは異なる心構えがありましたか？

アメリカは、転職社会です。スペースシャトルが２０１１年に引退してから、ＩＳＳに行くすべての国の宇宙飛行士はロシアのソユーズ宇宙船に乗らざるをえなくなったでしょ？　ロシア語を学び長期間家族と離れてロシアで訓練しないといけなくなり、たくさんのＮＡＳＡ宇宙飛行士が転職しましたよね。

スペースシャトルが引退し、次の有人宇宙船は民間企業が開発することになって、ＮＡＳＡから民間企業に転職した方は、新たに活動の場をつくっていったのではないでしょうか。

それなのに、なぜ、野口さんは宇宙飛行士として飛び続けることを選んだんでしょうか。宇宙に何を求めていらっしゃるのですか？

野口　宇宙は僕にとって挑戦しがいのある目標です。毎回、異なるテーマを見出して挑戦しています。

そもそも宇宙を目指したきっかけは、高校に入学してすぐの１９８１年４月に、スペースシャトルの初打ち上げを見たことです。リアルタイムで人が宇宙に行くのを初めて見た衝撃は大きかった。小さい頃から『宇宙戦艦ヤマト』、『銀河鉄道９９９』など宇宙もののアニメに夢中になっていましたが、どこか非現実的だったのが現実と繋がったんです。

それに、スペースシャトルには軍人やパイロットなど限られた人だけでなく、科学者や技術者など一般の人でも乗ることができるとわかったことも嬉しい発見でした。「宇宙で仕事をする時代が始まった！」と感じて、高校の進路指導の希望職業欄に「宇宙飛行士」と書きました。当時はまだ、日本には宇宙飛行士が一人もいませんでしたけどね（笑）。

自分の部屋の天井にはアポロ宇宙船が撮影した、宇宙に浮かぶ地球のポスターを張っていました。毎晩、その写真を眺め「宇宙から地球を見てみたい」「月に行ってみたい」と描いていた夢が叶うまでには時間がかかりました。大学院卒業後、ＩＨＩのエンジニアを経て１９９６年に宇宙飛行士候補者に選ばれ、ようやく宇宙に飛び立ったのは２００５年。40歳のときです。夢の宇宙に行って地球を眺め、無重力を体験し、船外活動も担当させてもらいました。

野口さんが宇宙を目指したきっかけとなったスペースシャトルの初打ち上げ。1981年4月12日（現地時間）©NASA

もし、宇宙飛行士になって1年ぐらいの訓

練で簡単に宇宙に行っていたら、「あぁ、地球は綺麗だったなぁ」と地上に帰ってきて、すっとエンジニアに戻っていたかもしれません。ところが第2章でお話ししたように、自分が乗る直前のスペースシャトル・コロンビア号事故によって、打ち上げが遅れました。

宇宙飛行士候補者に選ばれてから約10年、宇宙飛行を目標に仕事をしているうちに、僕にとってのベースが宇宙になってしまった。コロンビア号で宇宙に行き、人生の絶頂期で命を絶たれた仲間たちのことを風化させてはならない。彼らの遺志を継ぎたいという気持ちもありました。

また、僕はスペースシャトルに憧れてこの世界に入ったわけですが、宇宙開発の歴史を考えると、人類初の宇宙飛行を成し遂げたのはロシア（旧ソ連）であり、長い経験と歴史があります。ロシアの宇宙開発を知らなければ、プロの宇宙飛行士としては一人前ではないと考えました。そこで、次はぜひロシアのソユーズ宇宙船に乗ってＩＳＳに行き、宇宙長期滞在に挑戦したいと思ったんです。これが2度目の宇宙飛行のモチベーションです。

矢野　２０１２年に初めてＮＡＳＡ・ジョンソン宇宙センターを見学したとき、ちょうど前年に引退したスペースシャトルの実物大模型を解体している最中でした。魚の頭を落とすような形で、ざっくりと切られていたのが、とても哀しかったです。一方、ソユーズ宇宙船は、その狭さに驚きました。ソユーズ宇宙船はアメリカの２人乗りのジェミニ宇宙船時代を思わせる、宇宙飛行の原点のような朴訥《ぼくとつ》とした魅力がありますね。

野口　僕も訓練でその奥深さを知りましたね。ソユーズ宇宙船は３人乗りで真ん中に船長が乗ります。船長は必ずロシア人が担いますが、船長の左側に座る船長補佐（通称レフトシーター）は、船長が操縦ができなくなった場合に替わって操作する重要なポジションです。船長と同等の技量が求められます。僕は、日本人で初めてソユーズ宇宙船のレフトシーターの資格を取り搭乗。１６３日間の宇宙滞在を終えて、地球に帰還したのは２０１０年６月２日でした。

　その翌年、２０１１年７月にスペースシャトルが最後のフライトで約30年の歴史を閉じ有終

スペースシャトル引退後9年間、ISSと地上を往復する唯一の足だったロシアのソユーズ宇宙船。25年前に飛行した実物を訓練用に使っている。NASA・ジョンソン宇宙センターで。©マイナビニュース

の美を飾ると、ＮＡＳＡの宇宙飛行士が大量に引退しました。「もうこれ以上、ＮＡＳＡでやることはない」と。

日本では宇宙飛行の経験が国民の皆さんにポジティブにとらえてもらえて、モチベーション維持にも繋がりますが、宇宙飛行士の数が多く転職社会の米国では事情が異なります。飛んだか飛んでいないか、つまりゼロか1かの差は大きいけれど、2回、3回と飛ぶことがキャリアにとってそれほど大きな差にはならないのです。1回宇宙飛行をして、さらに船長を務めたら転職するのが、ＮＡＳＡ宇宙飛行士のキャリアパスの王道ともいえます。

宇宙飛行士も職業の一つであり、良い条件の仕事が他にあったり、やりたいことがあったりすれば転職するのは米国社会では珍しいことではありません。宇宙飛行士候補者に選ばれた直後に入ったＮＡＳＡ宇宙飛行士養成クラスの同級生44人のほとんどは、民間企業に転職し、生き生きと仕事をして成果を上げています。活躍の場がＮＡＳＡから民間に移っているのを実感して、正直「いいなぁ」と羨ましい気持ちがなくはなかった。

率直な言い方をすれば、アポロ計画時代の偉大なブランドイメージはもはや過去のもので、今のＮＡＳＡは名前通り〝航空宇宙局〟、つまり空と宇宙を管理する官公庁の一つなんです。ＮＡＳＡで培ったリソースや技術力がそのまま民間に移行しています。

　僕自身もＩＳＳ長期滞在を経験したら、宇宙飛行士としてのキャリアは完成すると考え、２度目の飛行前は明確に宇宙飛行士を辞めるつもりでした。宇宙飛行士の仕事が決して嫌なわけではなく、この仕事を選んだ目標は十分達成されるわけだから、新しいことをする時期かなと考えていた。宇宙飛行で同じことを２回繰り返すつもりはありません。１回１回挑戦しがいのあるテーマを探す。それぞれに違う動機づけで臨んでいます。

矢野　そうだったんですか……。別の仕事でも十分に成功なさっていたとは思いますが、野口さんが飛び続けることに決めた理由はなんですか？

野口　次の世代に繋がる仕事がしたいと思ったからです。スペースシャトルは学生の頃から見ていた憧れの乗り物だった。その意味では夢の実現。ソユーズ宇宙船の宇宙飛行では、自分が生まれる前から脈々と続くロシアの宇宙飛行の歴史を理解できました。

　一方、民間宇宙船は「僕たちの世代」が作る宇宙船です。「我々が作るとしたらこうなる」という作りになっていて、とても面白い。民間宇宙飛行の扉を一般人に開き、時代を大きく変えうる宇宙飛行に参加することが魅力的に思えたのです。

僕は人生の目的として、挑戦することに意味があると思っているけれども、今の子どもたちには通じないかもしれません。たとえば今、子どもたちに人気があるのはユーチューバーとかプロ・ゲーマーですよね。成功像がはっきりイメージできて、早く有名になれて収入が確保される仕事が理想のようです。

宇宙飛行士の仕事は、その対極にある。「そんなに長い年月苦労して、命を落とす危険もあるのに収入が公務員並みで、何のためにやっているんですか」という素朴な疑問があるんじゃないでしょうか。僕は「やりたいことをやっているから」と答えてますけど（笑）。ロケットに揺られて大気圏を超えるリアルな体験は、バーチャルなものとはまったく違う意味があって、想像を超えるすごい世界なんだということを、しっかり伝えたいと思っています。

宇宙飛行士の仕事って、5～10年に一度のハレ舞台のために、訓練をひたすら繰り返す地道な日々の積み重ねです。また、宇宙飛行に参加できるかどうかについても、自分の力ではどうしようもない理不尽な理由で決定されたり、ようやく飛行に任命されても打ち上げ時期が延期されたりすることが多々あります。

世界中から若く、優秀な宇宙飛行士が集い、協力しながらも能力を競う現場は決して甘くはなく、現実を突きつけられる日々です。しかしそうした葛藤や地味な訓練生活が、どんな困難や不測の事態にも揺らぐことがないタフな精神と肉体を生む。地道な日々が宇宙飛行士生活のすべてを支えているといえるんですよね。

トップアスリートと宇宙飛行士

矢野　野口さんは挑戦することが好きなんですね。宇宙飛行士の皆さんは、宇宙にいるときは注目を浴びますけど、確かに実際は地上の地道な訓練のほうが長いですよね。

　私たちミュージシャンも、家でピアノを弾いたり曲を作ったりしているほうが、コンサートの舞台に立っているよりもずっと長いです。私にとってはその期間も楽しいことに変わりはないですが、やっぱりお客さんの前で演奏することには格別の喜びがあります。

　野口さんは2度目の宇宙飛行から3度目に飛ぶまで10年経っています。その間のことを聞かせてください。

野口　２０１０年6月に2度目の宇宙飛行から帰還し、２０１２年にヒューストンから日本に戻ってきました。その後はテレビ番組でキャスターをやってみたり、本を書いてみたり、さまざまな活動を通して、宇宙業界とは異なる分野の人たちとも対話を重ねました。それでも次の新しい目標がなかなか見つからず、もがきながら模索する日々が続きました。燃え尽き症候群に近い時期だったのかもしれません。

立花隆さんの著書『宇宙からの帰還』でも、アポロ計画で月に行った宇宙飛行士が帰還後に宇宙飛行に替わる目標が見つけられず、適応障害に悩む姿が描かれています。宇宙飛行士はみな多かれ少なかれ、経験することだと思います。自分の人生をかけて戦ってきた目標を達成した後の「燃え尽き症候群」にどう対処するかは人それぞれです。すぐに次の目標を設定する人もいるし、違う形で消化する人もいます。

模索の中で、自分の宇宙体験について技術的な評価だけでなく、内面的世界の変化を客観的にとらえてみたいと、ある時僕は東京大学先端科学技術研究センターの熊谷晋一郎准教授を訪ねました。最近の宇宙飛行に関わる研究は、どこまで遠く、どこまで長く宇宙飛行ができるかということと同じぐらい、より人間らしい生活を宇宙で営むには何が必要なのかという方向に、研究の軸足が移っていると感じていたからです。「かつての私」と「宇宙から帰還した私」は同じ存在なのかを客観的にとらえたいという動機もありました。

人間らしさという内面的要素について研究を行う点では、自分たちの身に起きた変化を詳細に伝えることが重要になります。宇宙飛行という極限経験が宇宙飛行士個人の内面にもたらす劇的な変化を当事者が客観的に解析する研究は、世界的にも例が少ない。
　そこで熊谷先生が進めておられる「当事者研究」に、２０１３年から研究員として参加しました。その研究の一環として、私と同じような「燃え尽き症候群」を体験したトップアスリートの皆さんと対話する機会をいただいたんです。

矢野　当事者研究ってどういうものなのですか？

野口　聞きなれない言葉かもしれないですね。そもそも当事者研究とは、障害や難病など困難のある方々の運動に端を発しています。障害や病気の症状に対する正しい知識は専門家が持っているという考え方のもとに、自分たちで自分たちの症状を論じること、住む場所や水を飲むタイミングさえも決めることが許されない時代があったそうです[*1]。
　専門家による研究や支援法が開発されてきたことに対して、自分たちのことを自分たち抜きで論じるのではなく、自己決定や意思決定を尊重してほしいという運動が起こり、現在は当事者も専門家も一緒になって、「自分の困りごとを客観的に研究する」という研究に進化しました。

２０１５年には東京大学先端科学技術研究センターに、熊谷晋一郎准教授を代表とする講座が立ち上がりました。当事者と研究者が共に一つの学問領域をつくり上げようという画期的な試みだと思います。

熊谷研究室では、当事者研究にアスリートや私のような宇宙飛行士が参加していることも大きな特徴です。２０１８年７月末、東大先端研で「日常への帰還 ― アスリートと宇宙飛行士の当事者研究」というシンポジウム[*2]が開催され、私も登壇しました。熊谷先生は当事者研究にアスリートたちが参加する理由について、こんな内容を話されていました。

「２０１６年７月に神奈川県相模原市で起きた障害者施設殺傷事件で、犯人は能力のある人には生きる価値があるが、ない人には生きる価値がないと言いました。それに対して私たちは異議を唱《とな》え、能力主義を否定しました」。ところが障害者福祉の現場でも似た世界があると熊谷先生は言われます。「支援や環境整備によって、障害者が健常者並みのことができるという平等を目指すだけでは、過度な能力主義に巻き込まれかねません」。

そして、能力がより発揮できる状態が良い状態であるという「能力主義」を完全に否定はできないものの、その考え方は障害者の方たちだけでなく、オリンピックやパラリンピックに出場する当事者＝トップアスリートをも苦しめていることがわかってきたのだと。

それなら、東京で開催予定のオリンピックやパラリンピックで観客が熱狂の渦に巻き込まれ、過剰な能力主義が先鋭化する前に、行きすぎた能力主義がもたらす弊害を知ることが必要ではないか。アスリートはなかなか自分の弱みや辛さを口にしませんが、当事者研究という視点から、アスリート自らが当事者として「弱さの情報公開」を行い、多くの人がその弱さに触れる必要があるのではと、熊谷先生や関係者の皆さんが考えたわけです。

さらに熊谷先生は僕と話す中で、宇宙飛行士の養成プロセスや訓練、そして社会的立場はアスリートの世界と近いと指摘されました。「国の威信や期待を背負い、莫大な資金をかけてミッションをこなすというプレッシャー、宇宙飛行士が帰還後に日常への着地点を見出しにくい困難も、アスリートと共通しているかもしれない」と。それは私にとっても発見でした。

困難な「日常への帰還」

矢野　当事者研究、とても興味深い研究ですね。野口さんは宇宙飛行士の皆さんの中でも、ちょっと違った視点を持っておられると感じていました。技術的なことや科学的なことに対する知識や専門性が高いのはもちろんですが、それだけでなく、私たち一般の人たちの感覚を理解した上で、発信してくれそうだと。それが私が野口さんと深く話したいと思った一番の理由でもあります。

当事者研究を進めて、どんな発見があったか教えていただけますか？

野口　はい。先端研の研究員として僕はアスリートの皆さんと対話を重ねました。トップアスリートと呼ばれる方々は、子どもの頃から目的志向で突っ走ってきた方が多い。中学で日本一になれば名門高校に、高校日本一になれば実業団、次はオリンピック、と勝てば勝つほど次々に目標を与えられ、周囲の期待は高まり、能力を高め続けることを求められます。

そして、最終ゴールである金メダルを手にした後に待っているのは引退です。目標が明確に与えられ、心身共に追い続けていられるときは幸せかもしれません。ところが、ロードマップのない世界に直面して初めて「私の人生はなんだったのか」と考えるわけです。新たな目標を見つけられず、一般社会になじめなくて適応障害になる方は意外に多い。

宇宙飛行士も宇宙から帰還後、日常生活でさまざまな精神的・心理的困難に直面します。

宇宙飛行中は重力から解放され、指一本で同僚の体も持ち上げることができる。自分の身体能力が拡張してスーパーマンになったかのように感じたのに、地球に帰ってくると骨量減少や筋力、視力の低下といった障害が出る宇宙飛行士もいます。

宇宙空間でのさまざまな体験は、日常生活においてもフラッシュバックします。僕の場合は船外活動で「この手を放したら、宇宙の闇に吸い込まれる」と感じた畏怖の念や、宇宙船から出たときに、地球が圧倒的存在感で飛び込んできた衝撃などです。

特に宇宙から帰還後の状況は、引退後のアスリートの方たちの精神的状況に近いと感じました。宇宙飛行中の高揚感が大きければ大きいほど、帰還後に日常への着地点を見出しにくい困難さは、メダリストの引退後の葛藤に共通するのではないか。

大きな目標を達成して大勢の人々から賞賛される生活から、通常の生活に戻ることが大変なんて、贅沢な悩みだと思う方がいるかもしれません。しかし、目標に向かってまっすぐ走っていればいいという生活から一転し、目標がなくなったときの虚脱感に苦しんでいるんです。子どもの頃から常に目の前の目標を追いかけるだけの生活をしてきたのに、急に明確な目標がなくなってしまったときにどうしたらいいかわからない。

たとえばマラソンを走るのが好きな人は、金メダルを取ったとしても次の日にはまたマラソンを走ると思います。でも、金メダルを取ることだけが目標だった人は、次の4年間金メダルを取る機会がないとしたら、目標を見失い、次の日から身体が動かないかもしれません。

矢野　結局、人生で何を成し遂げたいかということなんでしょうか。自分が好きで始めたことなのに、結局は国という巨大なものが肩に乗っかってくる。そして競技人生には限りがあるという中で。

野口　そうですね。日常への帰還という点では、平昌オリンピック・カーリング女子銅メダリストの吉田知那美選手と対談を行った中で強烈に印象に残っている言葉があります。

　それは「私はオリンピックから帰還したけれど、生還はしていない」という言葉です。[*3]吉田選手はオリンピックに2度行き、2度目の平昌ではメダルも手にしました。カーリングの技術も向上し、競技者としてもっと評価されると期待していたのに、帰国後にメディアから受けた質問は競技に関することよりも、プライベートのことばかり。

　吉田選手はカーリングをマイナーなスポーツから脱却させて、日本の文化にカーリングを根づかせたいと頑張ってきただけに、競技者として評価されなかったと感じて悲観的になり、

「心が日本に帰ってこられなかった」と言います。もう一回頑張ろうと、心も含めて生還するまでにかなり長い時間を費やしたそうです。

宇宙飛行士の多くも宇宙から帰還後、自分がイメージしていた評価と実際の評価とのズレや、家族や周囲との関係の変化などに悩むことがあります。目標に向かってストイックに集中を高めているときは、帰還後は自由な生活を謳歌したいと願っていたはずなのに、実際は新たな課題に直面する日々が始まります。このあたりは、オリンピックなどの大舞台からの帰還と宇宙からの帰還とは、似たような困難さを持っていますよね。

能力主義と「弱さの情報公開」

矢野　高い目標を達成した後ほど、日常への復帰が難しくなる。トップアスリートと宇宙飛行士にそんな共通点があることは新しい発見です。

能力を磨き続けるという意味では、両者とも本当に厳しい戦いの中にありますよね。アスリートの場合には勝ち負け、つまり結果が明確に表れるのでより厳しいのかもしれません。アスリートが現役でいられる年月がとても短いのも気になります。選手生命を終えた後も人生は続きますし。
アメリカでは、アスリートが大学に行ったり、引退後の生活設計をあらかじめ考えておく人も多いようですが、日本ではまだ少数かもしれませんね。

野口　能力主義という点では、吉田選手との対話でもう一つ胸に刺さる言葉がありました。「結果が出せない私たちには、人として価値がないのか」という発言です。トップアスリートたちは勝つこと、メダルを取ることといった結果で評価されがちです。結果を出せば喜んで応援してくれる人がたくさんいる。それは裏を返せば、結果が出せなければ価値がないことになるのではないか、というのです。

彼らは過酷な世界の中で戦っています。より速く、より高く、より強く――。それを否定するものではありませんが、それがすべてではない。能力主義に縛られすぎて傷を負うことがないように、さらに成績向上やメダル獲得という短期的視野だけでなく、長期的で全人的なサポートを考える必要があるという視点を当事者研究は重視しています。

たとえば、吉田選手は一時期、オリンピックで勝つことしか考えておらず、心が不安定になってしまったことがあるそうです。家族を巻き込んだことで家族がバラバラに壊れかけ、自分が許せずに絶望したときに出会ったのが、当事者研究の「安心して絶望できる人生」という言葉だったと。当事者研究で新しい考え方を知り、人間らしい生活や心を取り戻していき、その後、北海道北見市のカーリングチーム「ロコ・ソラーレ」に所属します。そして、「カーリングが人生」という考え方から「人生の中にカーリングがある」という考え方に変わったそうです。

ロコ・ソラーレは平昌オリンピックで「そだね〜」という独特のかけ声やおやつタイムで仲の良さが注目されましたが、最初からそうだったわけではないようです。「弱さを見せていい、頼っていい、未完成のままでいい。それらは〝弱さ〟でなく〝個性〟だ」とチーム創立者の本橋麻里選手に言われ、それぞれ辛い経験を抱えていたメンバーが、徐々に自信を取り戻していったそうです。

矢野　弱さを見せていいことに救われたんだ……。

野口　宇宙飛行士のチームビルディングの過程でも、弱みをさらけ出すことが重要です。宇宙飛行士訓練は技量や知識を磨くだけでなく、チームワークの構築が大きな目標の一つですが、弱みや苦手なことを隠せば隠すほど、チームパフォーマンスは下がります。それぞれの弱点や強みを理解し、苦手なことは他の誰か得意な人に頼ることも大事なのです。

ところが、宇宙飛行士は自分の弱みをさらけ出すことが苦手です（笑）。

そこでチームワーク訓練では雪山や洞窟など過酷な環境で約1週間サバイバル生活をし、毎日リーダーが交替しながらさまざまな目標を達成していきます。なぜあえて過酷な場所で行うかといえば、極限状態に置かれることで自分も知らない弱みがさらけ出されるからです。

快適な室内で行う訓練では高度な能力を発揮する宇宙飛行士たちも、睡眠不足や食料不足、極度の疲れなどがあると、ちょっとしたことでいさかいになります。そのときに「あ、自分は追いつめられるとこうなるんだ」と知っておけば、その一つ手前で対処できる。限界まで追い詰められたときに自分や仲間がどうなるか、何が弱点か知っておく価値があるのです。本番の宇宙で爆発しないために。

ただし、トップアスリートの皆さんと宇宙飛行士とは違う点もあります。それは「誰のために自分の能力を発揮しなければならず、誰のために失敗が許されないのか」という点です。特にチームスポーツでは監督やコーチが神様みたいな存在になりやすく、レギュラーの座を取るためになかなか監督に異議を唱えにくいそうです。宇宙飛行士の場合はコーチや監督のためではなく、自分や仲間が死なないために能力を発揮する必要がある。失敗すれば命を落とす、つまり命がかかっているからです。

一方、監督の言うことを聞かなければ練習からも外されるという追い詰められた状況は、能力主義というよりは権威主義そのものではないでしょうか。結局、実際に選手として能力が高いのは、指示通りに動く人間ではなく、自主性があって能動的に動ける人間だとアスリートの方たちも言われていました。能力主義と権威主義は分けて考える必要がありそうです。

吉田選手は2回のオリンピックを経験し、今も現役です。そしてある種のブランクを経験して3回目のオリンピックに挑戦しようとしています。その意味でも僕と共通点がある。3回目のオリンピックを目指す理由について「今のチームが好きだから」という点を挙げたのが印象的でした。「このチームで4年間過ごしたい。チームの最高形が見たい」と。

僕も宇宙飛行士の仕事がこの先、どの方向に進むのか、できる限り見届けたい。新型宇宙船の登場や、月有人飛行などこれからの数年は、宇宙開発の大きな転換期です。世界がこの先どう変わっていくか、純粋に見てみたいという気持ちが沸き起こってきました。そして、現役の宇宙飛行士としてその転換期に関われることを嬉しく思い始めたのです。

レジェンドに学ぶ

矢野　自分と他のジャンルの方たちと話したり交流することで、大きな発見がありますよね。私も、「この人の音楽は素晴らしい!」「この人とぜひ一緒に演奏してみたい」と思うミュージシャンには、年齢や性別、国籍など一切関係なく、「一緒にやりませんか?」と声をかけて共に音楽を作り上げてきました。単にお互いの音楽が好きというだけでなく、2人でないと決して作り出せない音楽を生み出すという目標のために。

幸いなことに私も長く音楽を続けることができていますが、野口さんは3度目の宇宙飛行では55歳の挑戦になりますよね。そのことについてはどう思われていますか?

野口　矢野さんは10代からずっと第一線で活躍されてきて本当に素晴らしいですよね。音楽は世界共通語っていいますけど、いい音楽は間違いなく国境や人種、年齢を越えて理解できますもんね。僕の場合、宇宙飛行士に選ばれたときは、55歳を過ぎて現役で飛ぶとは想像もしていませんでした。現役を続けることの困難さは確かにあるのですが、一方で現役でいられる幸せを感じる機会は、当事者研究以外でもありました。

それは、世界中のレジェンド宇宙飛行士との交流です。宇宙飛行を経験した28か国２７０人以上の宇宙飛行士が参加する「宇宙探検家協会」という非営利団体があり、２０１４年９月に会長に就任させていただいたのです。

アポロ計画の宇宙飛行士やガガーリンと同時代のロシア人飛行士など、偉大なる伝説の宇宙飛行士の方々と接する中で、この職業で脈々と受け継がれてきたレガシーや誇り、系譜のようなものが理解できました。

彼らはみな、次のステージで宇宙飛行士の経験や能力をさらに広げ、活躍されています。と同時に、現役の宇宙飛行士として訓練を続けられることが、いかに貴重な機会なのかを再認識したんです。だって、「来年、宇宙に行きます」といえるのは、ごくごく限られた人しかいませんものね。それは能力ではありません。引退した飛行士で僕より優秀な人はいっぱいいます。でも、現役でふんばり続けて、「宇宙に行く」ことがプロとしての自分の仕事だといえることが、どれだけ貴重なことなのか、尊敬する宇宙飛行士たちと話す中で納得できました。

最初の宇宙飛行では、とてもそんなことを思う余裕はありませんでした。ともかく日々の作業で精いっぱい。２度目もいよいよ長期滞在だ、ロシアの宇宙開発の歴史はやはりすごいと感動するばかりで、他の職業と比べて宇宙飛行士の仕事を冷静に考えていませんでした。

飛行後にアスリートの皆さんや、レジェンド宇宙飛行士と語り合う中で客観的に自分の仕事を見つめ直すことができ、宇宙飛行士の原点に立ち返り、次の目標は自分たちの宇宙船だと納得して絞り込むことができたわけです。

同時に、僕は宇宙飛行士の仕事を愛していること、「ハレ舞台」だけでなく、50代になっても自分を高められる「ケ」の期間、つまり訓練自体も好きであることに気づきました。

日本人で最近宇宙飛行をしたのは、一番若い金井宣茂宇宙飛行士です。ほぼ10歳年下の彼からのたすきを受けて、現役日本人宇宙飛行士として最高年齢の55歳で宇宙に飛びます。

10年ぶりの宇宙飛行に不安がないわけではありませんが、野球のイチロー選手、サッカーのキング・カズ（三浦知良）選手、スキージャンプの葛西紀明選手など、各界のレジェンドに負けないように体調管理をして臨みたいと思っています。

新型民間宇宙船・クルードラゴンで宇宙へ

矢野　それは楽しみです！　野口さんの３度目の宇宙飛行を詳しく教えてほしいです。野口さんにとっては、「宇宙に帰る」感覚なんでしょうか？

　野口さんが次に乗る宇宙船、新型民間宇宙船のクルードラゴンにも興味津々です。スペースシャトルが２０１１年に引退してから9年ぶりにアメリカの宇宙船が宇宙飛行に成功し、大いに盛り上がりましたが、次に野口さんたちが乗る運用初号機から、いよいよ本格的に運用がスタートしますよね。

　どんなフライトになるのか。私たちがイメージできるように教えてもらえますか？

野口　そうですね、３度目の宇宙飛行は懐かしの別荘に帰る感覚です。前回からどんなに時間が経っていても、がしゃっとドアを開けたら「あぁ、また宇宙に戻ってきた」という感覚になると思います。10年前と比べて、ＩＳＳがどう変化しているのかが楽しみです。

　５月末に打ち上げられ8月末に帰還したクルードラゴンのテスト飛行Demo-2には、２人の軍出身のアメリカ人ベテランパイロットが搭乗しましたが、次の運用初号機Crew-1に

２人の宇宙飛行士を乗せたクルードラゴン宇宙船は2020年5月30日（土・現地時間）、フロリダ州にあるNASA・ケネディ宇宙センターからファルコン９ロケットによって打ち上げられた。© SpaceX

は私を入れて４人の宇宙飛行士が搭乗します。

コマンダーは米軍出身のマイケル・ホプキンス、女性飛行士のシャノン・ウォーカー、アフリカ系アメリカ人で黒人初のＩＳＳ長期滞在を行うビクター・グローバー、日本人の私です。人種、性別、経歴すべてにおいて多様性があり、世界中の皆さんにすごく注目されるフライトになるのは間違いないでしょう。

発射場があるＮＡＳＡ・ケネディ宇宙センターへはフロリダ州オーランド空港から、朝日が昇る方向に向かって１時間ほど車で走ると、やがて青い海と広い空が見えてきます。「宇宙への玄関口」は大西洋に面し、東京都の約４分の１に匹敵する広大な野生動物保護区の中にあります。

我々Crew-1を送り出すのは、アポロ宇宙船やスペースシャトルの打ち上げに使われていた39Ａ発射台。人類の宇宙開発の歴史を刻んできた発射台です。スペースXがこの発射台をクルードラゴン用に改修しました。

Crew-1の４人は打ち上げ３週間前からヒューストンで必要以外の外出はしないというソフトな隔離状態に入り、打ち上げ２週間前からＮＡＳＡ内の専用施設で本格的な隔離に入ります。そして打ち上げ１週間前にフロリダ入りし、ケネディ宇宙センター内の海辺の隔離施設へ。スケジュールは、新型コロナウイルスの感染状況によって変わる可能性があります。

打ち上げ約４日前に最終リハーサルが行われ、打ち上げ当日と同じ動きをします。宇宙服に着替えて、専用車で発射台に行き、最上階からクルードラゴン宇宙船に乗り込みます。シートベルトをきっちりと締め、本番同様に発射台の作業要員が外から宇宙船のハッチを閉める。

最終リハーサルでは発射の瞬間までカウントダウンをしますが、点火はしない。そこで「はい、今日のリハーサルはおしまい」となる。作業要員が「お疲れさまでした」とハッチを開けてくれる。これらの作業を一通りやることで、宇宙飛行士を含めてロケットエンジン、宇宙船、地上系が全部準備できていることを確認します。打ち上げに向けて我々も神経を集中させます。

矢野　リハーサルも楽しみですよね〜。本番は？

野口　打ち上げ当日は、発射約6時間前に起床します。たとえば発射時間が深夜の0時だとすると、18時に起きて作業をスタートしますが、まずは朝食。Demo-2に搭乗した2人の宇宙飛行士は朝食にステーキを食べていましたね。

打ち上げ約4時間前に、Operations and Checkout（O＆C）ビルで宇宙服を着ます。アポロ時代の宇宙飛行士が宇宙服に着替えた伝統的な場所で、僕がスペースシャトル搭乗のときに着替えた部屋でもあります。

クルードラゴンの宇宙服はブーツからヘルメットまですべて繋がった一体型で、軽く、すばやく着脱できます。耐火性の素材を使っているので火災でも飛行士を守ってくれるし、飛行中に万が一デブリ（宇宙ゴミ）が衝突して宇宙船に小さな穴が開き、空気が漏れた場合でも、しばらくは宇宙服内の空気を吸うことが可能です。宇宙服を着たら、実際に空気を入れて空気漏れがないかテストをします。

約3時間前にはいよいよ発射台へ。O&Cビルを出ることをNASA用語で「クルー・ウォーク・アウト」と呼びます。出口には多数のメディアが待ち受けているはずです。ただしDemo-2のときは、新型コロナウイルス感染対策で、待っているのは家族や関係者に限られました。家族と最後の別れは、距離を保ってヴァーチャル・ハグになるかもしれません。

約13キロ離れた発射台へは、専用車で移動します。シャトル時代はアストロバンと呼ばれる流線型のメタリックなバスで向かいましたが、今回我々を運ぶのは、テスラの電気自動車モデルX。

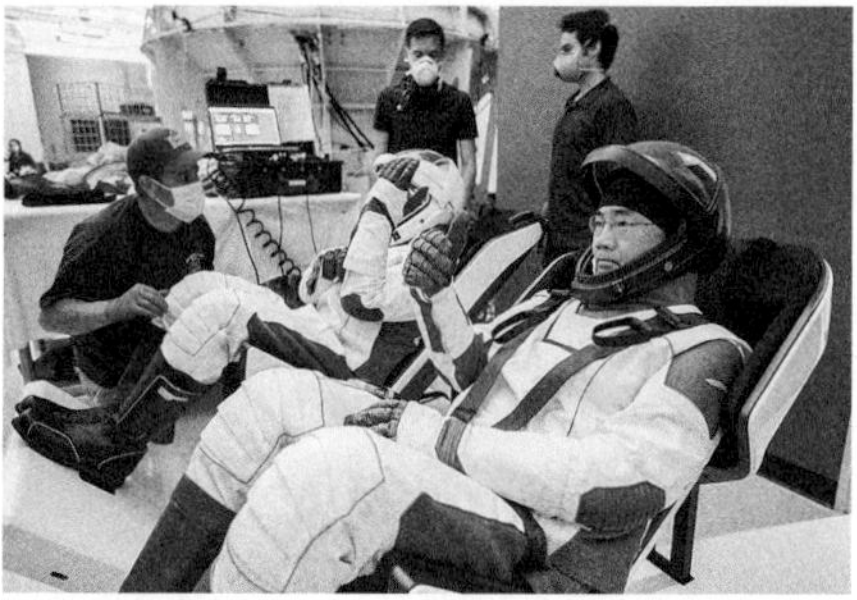

クルードラゴンのスタイリッシュな宇宙服を着て訓練中の野口さん。© SpaceX

矢野　テスラはクルードラゴンを開発したスペースXのCEOイーロン・マスクが設立した企業。その最高級車モデルXで宇宙飛行士を発射台に運ぶとは、彼らしいです。

テスラの電気自動車モデルXで39A発射台へと向かう。© NASA/Bill Ingalls

野口　そうですね。鳥が翼を広げるように開く後部ドアから乗り込み、39A発射台を目指します。

ファルコン9ロケットは全長70メートル。その先端に全長8メートルのクルードラゴンが搭載されています。エレベーターで発射台の最上階にあがり、宇宙船へ繋がるガラス張りの廊下・アクセスアームを渡ってホワイトルームへ。ここは完全に無菌室になっていて、ＩＳＳへ菌を持ち込まないよう配慮されています。スペースXのサポートクルーも完全防備で作業を手伝ってくれます。

クルードラゴンの内装はテスラの車を参考にした流線型のデザインです。人が乗り込むカプセルの容積は9・3平方メートル。6畳ぐらいの広さですが、宇宙では立体的に使えます。カーレース仕様の座席は包み込んでくれるような座り心地です。スペースシャトルの座席はＬＣＣのエコノミーシートのようでしたし、ソユーズ宇宙船のシートは

クルードラゴン船内のインテリア。
© SpaceX

一人一人石膏で型をとって作られ、胎児のような格好で乗り込み、4点式のシートベルトを締めると梱包されるような感じがしました。座席にも進化を実感します。

ハッチが完全に閉じられるのは打ち上げ1時間55分前。スイッチや音声チェックなど確認作業を行ったら、もう私たちにできることはほとんどありません。ひたすら打ち上げを待つのみです。

一方、管制室では膨大なチェック作業に追われているはずです。天候については風速や雲の高さなどさまざまな条件があり、半径約20キロ以内に雷雲があってもＮＧ。もっとも厳しいといわれているのがフロリダ沖の海の波の高さです。打ち上げ後にロケットに異常が起こったら緊急離脱しますが、その場合はフロリダ沖に着水します。もし波が高すぎて、港から船を出せないと飛行士を救助できないため、打ち上げは中止になります。

打ち上げ約40分前にはアクセスアームが格納され、約35分前に燃料の充填が開始されます。打ち上げ管制責任者が最終的にGOを出すのは打ち上げ1分前。

そして、リフトオフ！

スペースシャトルは巨大な固体ロケットブースターが2本あり、固体燃料ロケット特有のバリバリバリバリという音が特徴的で空気を震わすように上昇していきました。乗っている私たちはまるで、砂利道を猛スピードで走るダンプカーに乗っているような乗り心地でした。固体ロケットブースターが分離して、メインエンジンだけになった途端、極端に静かになるのです。それが6分半ほど続いて、いきなり無重力状態になります。

一方、クルードラゴンの場合には、1段、2段とも液体燃料ロケットです。1段エンジンは発射約2分半後、2段エンジンは同約9分後に燃焼を終了し、しばらくすると無重力状態に入ります。発射約12分後にはクルードラゴンがロケットから切り離され、地球周回軌道に投入されます。その後徐々に高度を上げ、ISSを目指します。

矢野　乗り心地が気になります。

野口　クルードラゴンのテスト飛行に乗っていたパイロット、ボブ・ベンケン飛行士によると、１段目の燃焼中は（シャトルに比べて）静かだと思ったけれど、２段目はそうでもなかった。乗り心地については子どもの童話によく出てくる「Huffing & Puffing」という表現をしていました。はぁはぁと息をしながら、頑張って山登りするような感じだったと。

打ち上げのときにかかる重力加速度は、ソユーズ宇宙船より体に優しいと聞いています。最大でも４Ｇ（体重の４倍）以下。ドッキングは打ち上げから約20時間後の予定です。ドッキングする場所はスペースシャトルと同じで、ＩＳＳの先端にあるハーモニーモジュールです。スペースシャトルやソユーズ宇宙船と違うのは、クルードラゴンは基本的に全自動でドッキングするということ。

宇宙飛行の緊張を味わうのは10年ぶり。今は大舞台の前の高揚感に包まれ、モチベーションが高まってくる感覚を楽しんでいます。お祭りの前みたいな感じです。ただし、ロケットに火がつくまでは何が起こってもおかしくない。「結局、ソユーズ宇宙船で宇宙に行く」という可能性は今でもあります。それが宇宙開発の厳しさです。

操作はタッチパネルで

矢野　クルードラゴンはタッチパネルで操作しますよね。ＮＡＳＡの宇宙飛行士訓練施設を見学した際、ＮＡＳＡ勤務歴24年の副施設長さんが、タッチパネルだと重要な操作で押し間違える危険性があると指摘されていましたが、大丈夫なんでしょうか？

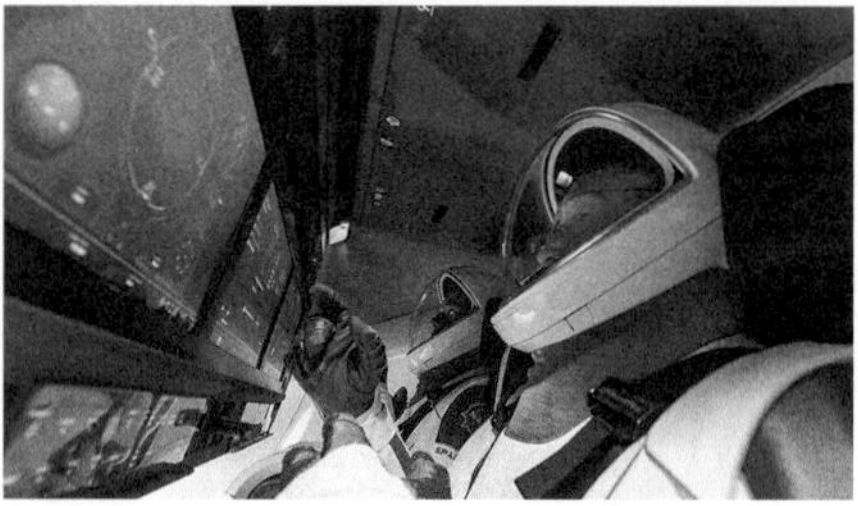

操作はすべてタッチパネルで行われる。
© SpaceX

野口　クルードラゴンでもっとも画期的なのは、操作がタッチパネルで行われることですよね。僕の訓練には日本のエンジニアも同行していて、彼らもタッチパネルでは操作ミスが起こりえるのではないかという懸念を持っていました。

　たとえばスマートフォンでキーボード入力するときに、コンマとピリオドを間違えるようなミスを想像していたんです。でも、クルードラゴンの操作パネルはかなりの大きさのスクリーンなので、入力ミスは起こりにくい。万が一押し間違えても、画面上でキャンセルすることは可能です。それに加えて、訓練をして初めてわかったんですが、重要なコマンド（指示）は液晶パネルからの操作に加えて、コマンドの実行を確認する物理的なボタンを押さないと指示が通らないようになっています。つまり、液晶パネルならではの見やすさと、重要な操作の押し間違えを防止する工夫とがうまく融合しているのです。

旧式かつ信頼性の高い宇宙船の代表格で、打ち上げのときに激しい振動が起こるソユーズ宇宙船ですら、機械式のスイッチから徐々に液晶スクリーンに変えています。サムスンのタブレットを膝の上において運用しているぐらいです。

クルードラゴンは「できるだけ簡単な操作で宇宙に行ける手段をつくる」という目的のもとに開発されています。つまり宇宙旅行客が乗ることができる宇宙船を実現する。ソユーズ宇宙船もスペースシャトルも、プロのエンジニアやパイロットが全身全霊をかけて訓練しないと理解できない乗り物だったのに対して、新型民間宇宙船は、宇宙船そのものは複雑なものの、操作は割と簡単です。一般の人でも操作できうる世界になりつつある。

自動車もどんどん操作パネルの計器が少なくなっていますよね。昔は水温計を見ていないと、いつオーバーヒートするかわからなかったけれど、今はオートマチックで自動制御し、問題があったら教えてくれる。スピードメーターさえ見ていれば運転できます。

宇宙船もそうなっていくと思います。ボーイングもスペースXも自動操縦化をかなり進めていて、通常時はわざわざ操作しなくてもいい。異常発生時だけマニュアル操作に切り替えます。タッチパネル、自動操縦、異常時の緊急脱出システム。それらが実際にどう機能するのか、船内の快適性も含めてソユーズ宇宙船やスペースシャトルとどう異なるのか、自分の目で見て全身で感じたいと思います。

宇宙飛行士は発射約 2 時間 40 分前に画像右側に見えるアクセスアームを渡ってクルードラゴンへ。打ち上げ約 40 分前にはアクセスアームが格納され、燃料充填がスタート。© SpaceX/NASA

アートの力——矢野

野口さんの3度目の宇宙飛行がとても楽しみです。ロケットの打ち上げを自分の目で一度も見たことがないので、タイミングが合えばぜひ、ＮＡＳＡ・ケネディ宇宙センターの39Ａ発射台から打ち上がるクルードラゴンの音を生で感じて、「野口さん、行ってらっしゃい！」と手を振って見送りたいですね。

そして野口さんの貴重な体験をたくさんの人と共有したい。絵とか言葉とか写真とかいろいろな手段がありますが、アートの力を活用してほしい。

アートの役目は、気持ちや経験を共有して、人を鼓舞することだと思います。ずっと昔に現代音楽家の武満徹さんが私のラジオ番組にゲストとして来てくださったことがありました。私は彼の大ファンだったのですが、当時の私はまだ20代前半の生意気盛りでした。

「武満さんは、音楽でどういうことをしたいと思っているんですか？」と聞いたところ、武満さんは「悲しみを表現したいと思っています」と答えられました。人生が悲しみに満ちていることは、多くの人がある程度生きているうちに、わかるわけですよね。それを自分の音楽で表現したい。そして悲しみから立ち上がるまでが音楽の役割だと思うと。

当時、私はその意味がよくわからなかった。でも大人になってから「本当にそうだな」と納得したんです。人の心を励ますもの、明日もまた頑張ろうと思わせるものがアートの役割かなと。

たとえば、夕焼け。毎回、違った色合いを見せますよね。そして時々「わぁ〜」と言いたくなるほど美しくて「ちょっと、ちょっと、見て見て！」と周りの人に強制的に見せたいと思うことすらあります。

一日の終わりに夕焼けを見たら「今日もよく頑張ったなぁ」とか「明日も頑張ろう」と思いますよね。あれこそアートの力です。

アートの元になるものって何か感動したとか、これを伝えたい、表現したいという気持ちであることが多いです。それが作品になればみんなが共有できるわけですよね。古今東西、いろいろな絵とか曲とか、たとえばモーツァルトの書いた曲の美しさが、モーツァルトが亡くなった後も、時代や場所を超えて世界中の人々を感動させることができます。

同じように野口さんが宇宙体験で得た感動もアートを通して伝えられたら、きっと多くの人を勇気づけたり、悩みがあって生きることが嫌になってしまった人の気持ちを楽にしたり、誰かを笑顔にしたりすることができるんじゃないか、そうできたら素晴らしいと思います。

ぜひ、野口さんに宇宙で作詞をしていただきたいですね。そしたら私が曲をつけます。

「今日、歯を磨きました」でもいいし、「宇宙船が揺れました」でも、宇宙滞在中に感じたことを言葉にしてほしい。それを音楽にすることで、宇宙にいる人と地上にいる人が体験を共有することになります。双方ともハッピーに違いありません。

宇宙と地上のコラボレーションができたら、すっごく素敵だと思います。

＊１　「『生きづらさ』がマジョリティとなる時代に―熊谷晋一郎さんが語る当事者研究の可能性」（ＬＩＴＡＬＩＣＯ研究所、２０１９年10月30日、note）
https://note.com/litalico_lab/n/nd2966b13b73e
「アスリートと宇宙飛行士の当事者研究」（「ＲＣＡＳＴ ＮＥＷＳ（先端研〈東京大学科学技術研究センター〉ニュース）」１０６号、４〜７ページ、２０１９年５月21日）
https://www.rcast.u-tokyo.ac.jp/content/000009877.pdf

＊２　「トップアスリートの知られざる困難」（東京大学先端科学技術センターＨＰ、２０１８年８月22日）
https://www.u-tokyo.ac.jp/focus/ja/articles/z0211_00019.html
「シンポジウム『日常への帰還―アスリートと宇宙飛行士の当事者研究』」パンフレット
https://touken.org/wp-content/uploads/2018/07/d8372383caaa68fae7e0196c0b776b6d.pdf

＊３　「勝たない自分たちに、価値はないのか」（東京大学先端科学技術センターＨＰ、２０１８年12月21日）
https://www.u-tokyo.ac.jp/focus/ja/articles/z0211_00004.html

第 5 章

スペースX
イーロン・マスクと「宇宙新時代」

野口さんが2度目の宇宙飛行に行ってから約10年の間に、宇宙開発を取り巻く環境は大きく変化しました。

際立つのは宇宙の商業化です。本章では「宇宙とビジネス」について語り合います。宇宙は探査の対象だけでなく、ビジネスの場にもなっています。２０１８年の宇宙産業の市場規模（世界）は前年に比べて８・１％増の約44兆円。世界では１０００を超えるスタートアップが宇宙産業に参入し、日本でも人工流れ星衛星や、宇宙ゴミを掃除する衛星など多彩な事業を掲げるスタートアップが誕生しています。

宇宙商業化の節目の一つは２０１０年、オバマ米大統領（当時）が新国家宇宙政策で宇宙産業の育成を強化したことです。

その潮流に乗り急成長したのが「宇宙業界の革命児」と呼ばれるスペースＸです。ＩＴで財をなしたイーロン・マスクが２００２年に創業。初期は打ち上げ失敗が続いたものの４度目の挑戦で成功、国の支援を得て２０１２年からＩＳＳに無人貨物船を継続して打ち上げています。有人宇宙船開発についても、２０１４年にボーイング社とともに選ばれ、ＮＡＳＡから約26億ドルの資金を得ました。民間による有人宇宙飛行一番乗りを目指し、２社はしのぎを削りましたが、勝ったのはスペース

Xでした。

２０２０年5月末のクルードラゴン（宇宙到達後、「エンデバー」と命名）打ち上げは、9年ぶりにアメリカの有人宇宙船がアメリカ人を乗せて飛び立つ歴史的飛行になるとともに、有人宇宙飛行商業化の幕開けとなりました。

スペースXがなぜボーイングとの開発競争に勝利できたのか、クルードラゴンの成功を例に、宇宙とビジネスについて6月頭、２人はオンラインで語り合いました。

「宇宙開発の歴史的転換点」

矢野　5月30日午後3時22分（現地時間）、２人のアメリカ人宇宙飛行士が乗ったクルードラゴンの打ち上げは興奮しましたね。私はＮＹの自宅でテレビモニターとＰＣとiPadを並べ、さらに発射時のロケットの音がよく聞こえるように、エキストラのスピーカーを2台繋げて、ＮＡＳＡテレビの打ち上げ中継に臨みました。現地にいるように感じられることを期待して。

打ち上げ本番は「あれれー、本当に行くんだー」と思ったくらい、さっさと行っちゃいましたね。ＮＡＳＡテレビでは「エンデバー」の中はまったく揺れていないように見えたし、搭乗している２人の宇宙飛行士も普通にしている感じでした。

打ち上げ直後の会見では、ＮＡＳＡ長官が「アメリカの国土から、アメリカの宇宙船で、アメリカの宇宙飛行士を打ち上げる」と何回も何回も繰り返していました。

野口さんは、あの打ち上げをどんなふうにご覧になっていましたか？

野口　僕たち宇宙飛行士は、ウイルスの感染リスクを避けるため、発射場のあるフロリダ州には行かず、訓練拠点のテキサス州ヒューストンで打ち上げを見守りました。本当に訓練通りの、自信に満ちた打ち上げでしたよね。

アメリカはスペースシャトルが２０１１年７月に引退してから約９年間もの長い期間、自国の有人宇宙船を持つことができず、「宇宙への足」をロシアのソユーズ宇宙船に頼っていました。その座席代はどんどん値上がりしていきましたし、何よりアメリカにとっては自分たちの宇宙船がないことは屈辱であり、安全保障上も問題だったと思います。ようやくアメリカからアメリカの宇宙船を打ち上げることができて、打ち上げに駆けつけたトランプ大統領は、「アメリカの輝かしい宇宙への復帰」とアピールしていましたね。

注目に値するのは、世界で初めて民間による宇宙船が地球の周回軌道を回る有人宇宙飛行に成功したことです。ＩＳＳに民間宇宙船が人を運んだことも初めてです。この飛行をきっかけに民間企業が宇宙開発の主役となって、誰でも宇宙に行ける時代が始まります。「宇宙開発の歴史的転換点」なのです。

天候条件で延期になったクルードラゴンの最初の打ち上げ時（5月27日）は、センサーの値がちょっとおかしいとか、こまごました問題はありました。ただし打ち上げを止めるほどではなく、確認作業が続きました。こうした小さな問題は打ち上げ前にはつきものです。ところが30日は技術的なトラブルが一切なく、唯一、天候の確認だけ。天気が好転し、青空の中を突き抜ける、テキストブック通りの完璧な打ち上げでしたね。

僕は現実の打ち上げなのに、非現実的な感じがしていました。我々は、カリフォルニア州ホーソーンにあるスペースX本社でクルードラゴンの訓練を受けていますが、シミュレーター内部はインテリアも含めて本物の宇宙船とまったく同じ。発射シミュレーション訓練では船内カメラで自分たちがどう映っているかも確認できるので、まさに自分たちがシミュレーション訓練をしているときの映像を見ているようでした。
　矢野さんが、ＮＡＳＡテレビの中継で船内が揺れていないように見えたとおっしゃるのは、カメラの取りつけ方の問題もあると思います。発射後、エンジンが燃焼する間はけっこう揺れると実際に乗った宇宙飛行士たちが話していますが、ロケットの壁にカメラが固定されていれば宇宙船と一緒にカメラが動くので、中継では揺れが気にならなかったかもしれません。

矢野　なるほどー。けっこう揺れても、彼らにとっては全然平気なわけですね。

野口　彼らは軍のベテランパイロットですからね。僕にとっての発見は、窓から差し込む光でした。クルードラゴンには窓が４つあります。２つは宇宙飛行士が乗り込むハッチ（入り口）の両側に、あとの２つは操縦席の両側にあります。打ち上げや帰還時は外からの情報も大事なので、窓を開けておきます。30日は午後３時半頃の打ち上げでしたが、外の光が船内に差し込んで、こんなに外が見えるんだと驚きました。クルードラゴンの窓はソユーズ宇宙船の窓より大きいので、外の景色がどんなふうに変化するのか楽しみです。

　打ち上げに使われたファルコン９ロケットは２段式ロケットで、今回が84回目の飛行でした。1段、2段エンジンが正常に燃焼して、発射約12分後にクルードラゴンを計画した軌道に投入できるか否かがクリティカルなポイントでした。過去には燃焼がうまくいかず、打ち上げに失敗したことがありますからね。燃焼は無事に成功し、エンジンの信頼性が見事に証明されました。

全長70メートルのファルコン9ロケットの先端に、全長8メートルのクルードラゴン宇宙船が搭載されている。© SpaceX

テスト飛行は2人が搭乗しましたが、我々の飛行では4人乗り、さらに将来は定員を7人に拡大して宇宙旅行客を運ぶことにも使われる予定です。もしかしたら、矢野さんが将来乗ることになるかもしれませんよね。

デザインの力

矢野　そう思いながら、中継を見ていました（笑）。スイッチがたくさん並ぶスペースシャトルのメカニックなコックピットとずいぶん違って、クルードラゴンの操作盤はタッチパネルだし、宇宙船の室内は無駄な装飾が一切なくて綺麗で、本当に今までの宇宙船とは違う。スペースシャトルのままだったら、宇宙に行きたいとはあまり思わなかったかもしれません。私にとって一番印象的な点としては「デザインの力」ということでしょうか。

スペースＸのＣＥＯイーロン・マスクのアイデアだと思いますが、白い宇宙服も、発射台に宇宙飛行士を運ぶ車がテスラのスーパーカーであることも、宇宙飛行士の作業を手伝うスタッフが歌舞伎の黒子のような黒い衣装に身を包んでいることも含めて、全部トータルにデザインされています。

3度目の宇宙へ。クルードラゴンの白い宇宙服に身を包む野口飛行士。© SpaceX

「ＮＡＳＡとはこんなに違うよ」、「今の打ち上げはこれなんだ」という気概をすごく感じましたね。宇宙に関心がない人にも、いろいろ説明しなくても宇宙の魅力を伝えることができるから、デザインって本当に大事ですね。もちろん、打ち上げを成功させるテクニカルな裏づけがあった上でのことですが。

世界中の人が興奮して生中継を見ていたと思います。打ち上げ前からＩＳＳにドッキングするまで、24時間以上途切れることなく中継し続けたことも、前代未聞ではないですか？　スペースXのやる気を感じました。

野口　その点は僕もスペースXの訓練を始めた頃に感じました。やはりインテリアとか空間の持つ訴求力ってあるじゃないですか。クルードラゴンの船内は「インテリア」なんです。最高品質のカーボンファイバーを使った椅子も含めて、「こういう部屋いいよね！」と憧れますよね。機械じゃない。スペースシャトルと比べるなら、黒電話からスマートフォンに変わったような衝撃を受けました。

クルードラゴンのインテリアデザインは、すべてが白と黒で統一されています。インテリアだけでなく、白い宇宙服、黒いシート、膝につける小さな白いバッグ、サポートクルーは黒い作業着。黒い作業着は中継を見ていた人たちから「ＮＩＮＪＡＳ」と呼ばれて話題になりました。中継では映らない、宇宙船のパネルの裏側のバッグまで含めて全部、同じ意匠で作られています。

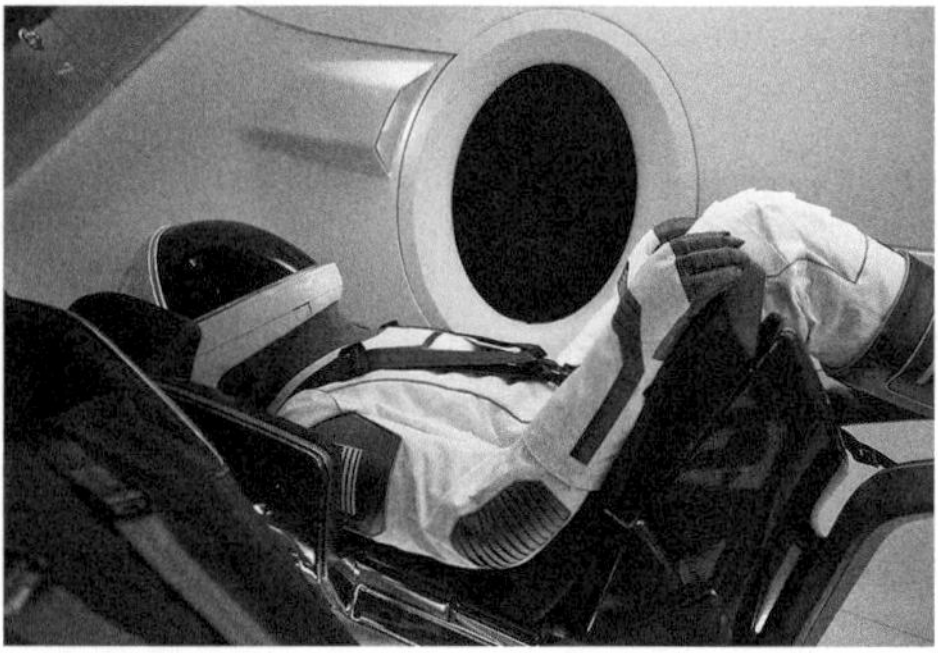

すべてが黒と白で統一されているクルードラゴンの内装。© SpaceX

そこにはイーロン・マスクの思想が隅々まで浸透しています。スペースXではイーロン・マスクのことを誰もCEOと呼ばない。彼は「チーフデザイナー」なんです。ロケットの主任技師であり、技術面だけでなくデザインに関してもこだわりがあり、全体として強烈な統一感を生み出します。

それはファルコン9ロケット、クルードラゴンだけでなく、打ち上げに関わる一から十まで、すべてスペースXの本社で作っているという強みから生まれています。

宇宙服のデザインも、縫製も、3Dプリンター製のヘルメットも、すべてホーソーンの工場内で作業が行われます。宇宙服は一人一人のサイズに合わせたオーダーメイドで、正直少しきつい感じはしますが、スタイル優先です。イーロン・マスクの方針は、「見てかっこよくないとだめ」「子どもたちが憧れるように」。

矢野　スペースシャトルの宇宙服とどう違うのでしょうか？

野口　スペースシャトルに乗るときの宇宙服は、別名パンプキンスーツとも呼ばれたオレンジ色のスーツで、ポケットがいっぱいあって便利でしたが、ダボッとしていてかっこよくはなかった。一方、クルードラゴンの場合は、装備品はシートにあればいいという考え方です。宇宙服に余計なものを入れると、打ち上げや着水のときの振動で怪我をする可能性がありますからね。だから宇宙服には手袋を入れるためのポケットがあるぐらいです。

デザインの一貫性が実現できるのは、会社自体が２００２年創業と若いことも大きいと思います。イーロンは創業者社長で、彼の意向に沿っていればうまくいく。社内抗争や反対勢力もない。このあたりはライバル会社のボーイングとは異なる点ですね。

新興企業 vs. レジェンド企業

矢野　野口さんは、そのクルードラゴンに乗って3度目の宇宙飛行に飛び立つわけですよね。クルードラゴンに乗るアメリカ人以外の宇宙飛行士は、世界で野口さんが初めてで、すごいことだと思います。「偉大なるアメリカ」を連呼していたNASA長官も「次は日本人が乗る！」と記者会見で国際協力を強調していましたが、その象徴になるわけですね。

民間宇宙船はボーイングが開発するスターライナーと、スペースXが開発するクルードラゴンの2社がNASAのコンペで選ばれて、どちらが先に試験飛行に成功するか、競争していましたね。私はボーイング社のスターライナーのブルーの宇宙服もいいなと思っていて、両社の開発レースを、面白いなとわくわくしながら見ていました。

でも、スターライナーは2019年12月の無人テスト飛行で、残念ながらISSにドッキングできませんでしたね。

実際に乗る宇宙飛行士にとっては命が関わっているわけですが、スターライナーかクルードラゴンか、どちらの宇宙船に乗るかはご自分では決められませんよねぇ。この競争をどんなふうにご覧になっていましたか？

野口　複数の企業が競争することで開発スピードが加速され、コストダウンも期待できるという、アメリカ的なアプローチですよね。背景にあるのは、2011年にスペースシャトルが引退するにあたり、アメリカ政府やNASAが宇宙の商業化に大きく舵を切ったことです。

その一つが、２０１０年に始まったコマーシャルクループログラム（Commercial Crew Program）で、新型有人宇宙船の開発を民間に委託することにしたんです。つまり、ＮＡＳＡは宇宙船を自分たちで開発して所有するのでなく、輸送サービスを買おうと。多数の企業がコンペに参加しましたが、２０１４年に最終的にスペースＸとボーイングが選ばれました。

この民間宇宙船の運用初号機に日本人宇宙飛行士を乗せたいと、ＪＡＸＡ（宇宙航空研究開発機構）がＩＳＳのパートナーであるアメリカ、ロシアなどの宇宙機関に長年にわたって要求してきました。僕は２０１０年夏に2度目の宇宙飛行が終わってから日本で仕事をしていましたが、民間宇宙船に乗るということで２０１６年にヒューストンに戻ってきました。当時は２０１８年頃には打ち上げられると見られていたんです。

僕が個人的にどちらの宇宙船に乗るかを選ぶことはできません。クルードラゴンかスターライナーか、どちらになっても先に準備できたほうに乗ることができるように、訓練を進めてきました。

スペースシャトルを含むアメリカ宇宙開発のレガシー（遺産）を正統に継承しているのがボーイングで、新しいコンセプトを掲げ新興勢力としての勢いで入ってきたのがスペースＸ。「スペースＸがどこまでやるか見てみよう」「でも本命はボーイングだよね」と見ていた宇宙関係者が多かったと思います。

　民間有人宇宙船第一号になるのは名誉なことですが、失敗した場合にはダメージが大きい。だから両社とも慎重に開発を進めていたと思います。一番笛をふいていたのはＮＡＳＡ長官（笑）。とにかく早く開発するように促していましたね。

矢野　あの長官はなかなかです。技術者集団のトップというより、政治家ですか？　っていう……（笑）。

野口　２０１９年３月、開発競争の先陣を切ったのはスペースＸでした。ダミー人形「リプリー」を乗せた無人のクルードラゴンが打ち上げられ、ＩＳＳにドッキング。約５日後にＩＳＳを離れ大西洋に着水し、テスト飛行は成功を収めました。ただし、その直後の４月、スペースＸはエンジン燃焼試験で爆発的火災を起こして、前月宇宙から帰ったばかりの宇宙船を失ってしまった。

　大成功直後の爆発事故についての懸念が関係者の間で広がりました。あんな大事故を起こしたら、再試験まで２年はかかるのではないかと不安視する声もありました。

ところがリカバリーが早かった。失敗を受け入れ、原因を究明し、設計を変更。事故から約７か月後の11月に再試験を成功させたんです。ステップの一つ一つは、どれをとっても相当に時間がかかる作業です。組織が大きいほど時間がかかりがちですが、スペースＸの場合、組織の小ささがスピードに繋がっていると思います。非常に驚きました。

一方、ボーイングといえば航空宇宙産業界の覇者であり、ＩＳＳのほとんどを開発した老舗企業です。ところが開発の遅れが続いた上に、２０１９年12月の無人テスト飛行でトラブルを起こして、宇宙船は帰ってきたものの、ＩＳＳにドッキングするという目的が達成できませんでした。

僕自身も、ボーイングが最後には手堅く勝つのではないかと一時期は思っていました。でも最近気がつき始めたんです。どの業界でも「会社30年寿命説」があり、その先も長く続くには組織内部で新陳代謝を繰り返しながら、圧倒的なイノベーションを起こして生まれ変わり続ける必要があるということを。

ボーイングがＩＳＳを作ったのは20年以上前。通信衛星の打ち上げは継続していますが、ＩＳＳを開発した人は異動し、技術の継承が難しかったのかもしれません。ＮＡＳＡの宇宙飛行士を引退後にボーイングに転職し、宇宙船開発に携わっている友人はいっぱいいます。

でも彼らだけでは、会社全体の製造レベルや品質管理は保てない。我々世代が持つかつての巨大製造業に対する信奉心や、無条件の信頼は過去のものであり、今は危うい時代だと感じます。

矢野　ボーイングは、新型ジェット機737マックスでも2度事故を起こして問題を抱えていましたね。

野口　そうですね。アメリカは今、GAFAM（Google, Amazon, Facebook, Apple, Microsoft）に代表されるITの国です。1960年代のアポロ計画の時代や、1980年代のISSの開発初期は航空宇宙産業が時代の花形で、優秀な人材が集まっていたでしょう。でも今、才能ある若者が目指すのは、圧倒的にGAFAM。宇宙に情熱を持っている人が行くのは、巨大な旧態依然とした企業でなく、新興企業のスペースXではないでしょうか。

なぜスペースXが宇宙船開発競争に勝てたのか。一言でいえば実績と革新です。2012年から2020年5月までに、スペースXはISSに無人の貨物船ドラゴンを20回上げ続けて着実に実績を積み重ねました。しかも毎回同じことを繰り返すのではなく、打ち上がったロケットやカプセルなどを回収し、再利用を実現しています。

　再利用することでコストを下げるというコンセプトは、そもそもスペースシャトルが掲げたものでした。しかし実際はチャレンジャー、コロンビアという2度の甚大な事故があり、点検作業が増えコストが莫大にかかってしまった。結局、宇宙船は再利用するより使い捨てのほうが経済的だ、再利用はお金がかかるんだといわれることになりました。

　そんな常識をスペースXは一つ一つ崩し、スペースシャトルができなかった再利用を実現しています。打ち上げ実績を重ねつつ、毎回イノベーションがあり、新たな挑戦がある。彼らの目的は火星への人類移住です。その目的に向かって、進歩と革新の時間を重ねています。

　ボーイングも、緊急脱出やパラシュートテストなど個々のテストを重ね技術を磨いているの

スペースXはロケットの再利用を積極的に進める。2018年2月6日に打ち上げられたファルコン・ヘビーロケットは、打ち上げ後の2本のロケットブースターを地上で同時回収して世界を驚かせた。© SpaceX

ですが、トータルな打ち上げという経験を積まないままテスト飛行に臨んでしまった。その結果、２０１９年12月の無人テスト飛行では、宇宙船に搭載したコンピューターのタイマー設定がズレていたという初歩的なエラーで、ＩＳＳにドッキングできなかったわけです。

これは毎年、打ち上げを行っていれば起こらなかったエラーでしょう。実際の打ち上げのオペレーションをしなければ、たとえ宇宙船を作る技術があっても、経験は継承されない。宇宙開発に関して百戦錬磨、経験豊富なエンジニアが多数いた企業は、思ったより早く崩壊していたのかもしれません。

スピードを支えるレジリエントな組織

矢野　とても学ぶべき点が多いお話です。２月にＮＡＳＡ・ジョンソン宇宙センターの宇宙飛行士訓練施設を取材したときに、ボーイングのスターライナーの実物大模型はあるのに、スペースXのクルードラゴンの実物大模型はありませんでした。

「なぜ、ここにクルードラゴンの訓練用模型がないのですか?」と訓練施設の副施設長さんに聞いたら「スペースXが決めた」と。そして「彼らは設計も開発も製造もすべてカリフォルニア州の工場で行っています。そのため、何か問題が起きても早く解決できます」と説明してくださって、NASAに頼らない新しいやり方について"The Whole New World"とおっしゃっていましたが、今の野口さんのお話を聞いて納得しました。

　野口さんは実際にスペースXで訓練を受けておられますよね。これまでNASAで受けてきた訓練との違いはなんでしょうか？


野口　そうですね、スペースXのメンバーには「宇宙船もロケットもすべての図面をこの工場で作っているんだ」という自負を感じます。何か問題があれば、「この図面を描いたのは2階にいる誰々だ」と、すぐに担当者と話をすることができて、その場で修正されます。

　たとえば我々の訓練中に、宇宙船の液晶パネルの表示が間違っていたとします。すると、その場で電話して画面を設計する技術者に来てもらう。技術者を交えて「確かにここがおかしいよね」と話し合うと、次の日にはもう直っているんです。

　そのスピード感は残念ながら、ボーイングやNASA本体ではありえないと思います。最近、日本でもよくいわれるようになったレジリエントな組織、つまり変化に対応して適応する強靭な組織だと実感します。

開発・製造・訓練のすべてをカリフォルニア州の本社でやっている強みが、打たれ強さであり、リカバリーの早さ、つまり開発のスピードを支えていると思います。

彼らは１００％の内製化を目指しています。工場の右からアルミと鉄鉱石と電気と水を入れたら、左側の出口からロケットが出てくるのが理想像です。実際は事業が大きくなっていることもあって、部分的には外部から完成品を買っているかもしれませんが、意気込みとしてはすべての作業が自分たちの工場の中で完結すること。

その対極にあったのがスペースシャトルですよね。部品ごとに異なる会社と契約し、全米に散らばった場所で製造していました。それらを最終的に１か所に集めて組み上げるため、全体の工程管理がとても大変であり、結局コスト増に繋がったと見られています。

スペースＸは設計から製造まで工場で一貫して行うだけでなく、開発段階から、打ち上げまで同じメンバーが関わっていることも大きな特徴です。「究極のカスタムメイド」です。たとえば、打ち上げ約４時間前に宇宙飛行士が宇宙服を着るのを手伝ったり、発射台で宇宙船に乗り込むのを手伝ったりするスペースＸのメンバーは、正式には「クローズアウトクルー」と呼ばれます。背番号がついた黒い衣装を着ていたＮＩＮＪＡＳですが、彼らはほぼ全員顔見知りです。

背番号をつけ、黒い衣装で身を包む「NINJAS（左端）」。スペースXで宇宙服を開発した担当者が、打ち上げ時は宇宙船に乗り込むまで責任を持つ。
© NASA/kim shiflett

矢野　へぇ、そうなんですか！　いったいどういう方たちだろうと思ってました（笑）。

野口　ですよね（笑）。宇宙服を作るときに僕の身体に巻き尺をあてて採寸し、仮縫いで細かくチェックし、訓練で宇宙飛行士に文句を言われるたびに修正した担当者が、打ち上げの日には、NASA・ケネディ宇宙センターでシートに乗り込むまでついてきて最終確認し、「行ってらっしゃい」と送り出してくれるんです。スペースシャトルでは、訓練担当者と打ち上げ担当者の役割は完全に分かれていました。

　さらに、打ち上げ後に宇宙飛行士とやりとりするスペースXの管制センターの交信担当（キャプコム）も、訓練のインストラクターです。訓練中から聞き慣れた声であり、訓練とまったく同じ感覚で本番に臨むことができる。これはとても大きな安心感に繋がります。

スペースＸで訓練を始めた最初の頃は、我々宇宙飛行士は非常に警戒していたと思います。２００２年に創業されてから20年も経っていない新興企業だし、イーロン・マスクは電気自動車テスラのＣＥＯで、人工衛星は打ち上げられるかもしれないけれど、人を宇宙船に乗せることに対する「人命の重さ」を本当にわかっているのかと。

スペースＸはＮＡＳＡ訓練チームの手助けのもとで、訓練プログラムを作り上げました。宇宙飛行士の訓練技術は一種のコーチ学であり、独立した技術です。１回の訓練でどこまで到達させるか、どの段階で何を教えるか。数か月経ったら忘れるのが人間の習性です。

どのタイミングで復習させるかなどについては、ＮＡＳＡもロシアも日本も独自のノウハウを持っています。そのノウハウに従って訓練すれば、打ち上げのときに必要な技量はすべて持っていると宇宙飛行士が自信を持てるのは、訓練メソッドへの絶対的な信頼があるからです。スペースＸもそうした訓練メソッドをＮＡＳＡ訓練チームと密に作り上げ、その過程で我々宇宙飛行士もフィードバックを加えています。

そうした確かな技術に加えて、命がけで宇宙に飛び立つ人たちをしっかりサポートするんだという気概も感じました。「火星に人類が移住する」という最終ゴールへの第一歩として、人間を安全に宇宙に送り出すことがいかに大事であるかを彼らは認識しています。自分たちの夢を乗せてあなたたちは飛び立つんだと語ってもくれました。

火星移住という明確なゴールと、そのゴールを実現するために社員一人一人が責任を負って最後までコミットするという一体感。誰が乗るかわからない宇宙船を作るとか、誰が着るかわからない宇宙服を縫うだけの縦割りの組織だったら、人命に対する責任感は生まれないかもしれません。

もちろん、ボーイングもこれから巻き返してくるでしょう。期待して、注目しています。スターライナーは再度、試験飛行を行う予定になっていますから。

日本は世界の潮流から取り残される?

矢野　お話を伺うと、スペースXの皆さんのプロジェクト全体に関する情熱とか、自分たちの代表のような形で宇宙飛行士が宇宙に飛び立ってくれることに対する愛を感じますね。私がもしスタッフだったら、同じように思うだろうなぁ。

先ほど、野口さんが言われた宇宙船の開発の仕方の違いも、とっても興味深いですよね。スペースXはたとえ失敗してもYouTubeなどでＯＰＥＮにしてきましたよね。そして失敗してもリカバリーが早い。

２０１９年の4月にスペースXが爆発事故を起こして宇宙船を一つ失ったとき、従来の宇宙開発のやり方なら2年かかると言われましたが、何が違うんでしょう？


野口　もし、同様の爆発事故が日本で起きたとしたら、すべての生産ラインを止めて、徹底的な原因究明を行うでしょう。同じ部品が使われていた他のロケットで同じような問題が起こっていないか、おそらく全部テストする。いわゆる水平展開がこれまでの失敗に対する原因究明でも行われてきました。

その上で、何が起こったか詳細なデータを全部揃えて、上に上げていくという作業に入る。技術部門だけでなく経営層、監督官庁まで含めて。結局、現場だけでなく関係者にきちんと理解してもらわないといけないというステップが、日本の場合は極めて大事でした。

組織が暴走しないように、ガバナンスが重要だった時代は確かにあったと思います。ただし、今の時代にそうした時間をとることで、世界の潮流から取り残される企業が増えているのではないかとも感じます。新しいことに取り組もうとするとき、反対勢力を押し切って部内会議、取締役会議、社長まで全経営層をクリアしないと決断ができないのでは、スピード感に欠けるといわざるをえません。

スペースXのような新興企業やスタートアップでは、トップと現場の距離が近い。イーロン・マスクは忙しいにもかかわらず、工場に顔を出します。彼の元々の専門は物理学や工学ですが、スペースX起業の際にロケット開発に必要な知識を習得し、社員が自分の期待に応えられないと解雇し、その仕事を自分でやってしまったとも聞きます。だからイーロン・マスクが工場に来るときのピリピリ感は半端ないそうですが、原因究明や対策など一つ一つのステップにかける時間が非常に短い。

それから、原因をどこまで追究するかという問題。何か失敗が起こったときに現場の感覚として「たぶん、この部品が悪い」と勘が働く。でも、日本だとおそらく、上司に「全部の部品を本当に見たのか」と言われると、もう一回全部を確認しなければならなくなる。それは「悪魔の証明」に近い。「これが原因です」ということはできても、「それ以外の原因はありません」と証明するのは、ものすごく大変です。それをすべてのステップでやるとしたら莫大な時間と労力を要します。

トラブルの原因をピンポイントに突き止めるエンジニアリングセンスは、実際にハードウエアを作って打ち上げることで培われるものです。現場を見ていない外部の人間は「本当に大丈夫？」と言いたくなる。でもスペースXの現場には、そういう雑音を跳ね返すだけの力があるのでしょうね。現時点で世界で一番ロケットを作り打ち上げているのはスペースXですから。

クルードラゴンの有人初飛行に成功した数日後には、60機もの小型通信衛星の打ち上げに成功しています。しかも打ち上げに使われた第1段ロケットは5回目の再利用で、コスト削減を更新したんですよ。

日本の製造業は石橋をたたいて渡るようなスタイルで信頼性を高めてきたと思います。ロケットの成功率も世界でトップレベルですし、人を乗せる宇宙船だから、信頼性第一というのは正しい考え方です。ただし、石橋を棒でたたくことが本当に信頼性を上げることになるのか。それとも安全第一という名目で判断を回避しているだけなのか。

矢野　石橋をたたいて壊すこともある。

野口　そう。結局一番安全なのは、橋を渡らないことになってしまう。あらゆる挑戦は避ける判断をするほうが楽なんです。リスクがないから。

　スペースXが新興企業だからリスクを恐れないのか、というとそうではありません。ロシアでは２０１８年10月、ソユーズロケットで宇宙飛行士２人を打ち上げた直後にトラブルが発生し、宇宙飛行士がロケットから緊急離脱して、地球に帰ってきたことがありました。あのときも我々は、「これで１年間は宇宙飛行士の打ち上げはないな」と覚悟したんです。

　ところが、ロシアはたった２か月後に宇宙飛行士打ち上げを再開しました。もちろん、事前に無人ロケットを複数回上げて安全性を確認した上でのことです。半世紀以上前に初めて人類を送り出したロケットを基本とし、改良が続けられてきたロシアのロケットは、すべての確認ステップを踏まないと打ち上げないと思われがちですが、実はそうでもないのかもしれない。同じことが日本で起こったとしたら、３か月で打ち上げを再開させることは無理でしょう。１年は凍結したと考えられます。

　ロシアもスペースXも、スピード感を持って打ち上げをしている。それが世界のロケット開発の潮流であるとしたら、細かい確認作業をやっているのは日本だけという可能性は大いにあるわけです。

宇宙は誰のもの？

矢野　スペースXは確かにやることがカッコよくて、今までの政府主導の宇宙開発とまったく違いますよね。

２０１８年２月にスペースXが火星飛行を目指してファルコン・ヘビーロケットを初めて打ち上げたとき、イーロン・マスクが自分のスポーツカーを乗せました。打ち上げ中継では、地球を背景に真っ赤なテスラ車が飛ぶ様子がまるでＳＦのようで、運転席には宇宙服を着たダミー人形「スターマン」がいる。「すごい！　カッコいい！」という気持ちと、普通ならロケットは人工衛星とかを打ち上げるものなのに、企業の宣伝のために使っている気がして「ふざけている！」という感情の両方がありました。

もし車にマスク氏が自分の名前を書いていたとしたら、売名行為のようで嫌だなと思っていたのですが、「Made on Earth by humans」（人類によって地球で作られた）と書かれてい

テスラのスポーツカーと、宇宙服を着たダミー人形「スターマン」。スターマンは人工惑星になって今も飛行中。© SpaceX

たので、それなら許せるかなと（笑）。あのスポーツカーはデブリ（宇宙ゴミ）になって、邪魔になったりしないかと少し心配です。

最近、流行りの宇宙ビジネスの話題で私の気持ちに引っかかるのは、宇宙の私物化。そもそも宇宙は宇宙のもので、人類に属するものではないというのが、私の見方です。それなのに、たとえば月に水や資源がありそうとわかった途端に、特定の国や企業がゴールドラッシュのように採りに行って、「俺のものだ」と所有したり私腹を肥やそうとしたりする行為にも見えます。それが道義的に嫌ですね。

さらにアメリカでは宇宙軍をつくって宇宙を軍事利用しているのも気になります。

野口さんはそうした宇宙ビジネスや軍事利用をどんなふうにご覧になっていますか？

野口　まず、スポーツカーに乗った「スターマン」はデブリにはならないので、安心してください（笑）。スターマンの位置を示すウェブサイトがあって、現在どこを飛行しているかが確認できますが、人工惑星になって、太陽の周りを回っています。

ファルコン・ヘビーは火星飛行を視野に入れた大型ロケットですが、打ち上げに関してはアメリカ国民の税金を使っていないんです。一企業のプロジェクトです。通常、ロケットを初めて打ち上げるときは、ダミーウェイトと呼ばれる重りを乗せるか人工衛星を乗せます。でも、イーロン・マスクは個人の所有物であるスポーツカーを乗せました。確かに、一般の方は宇宙利用といえば人工衛星など公共事業的なイメージを持たれるかもしれません。違和感があるのも理解できます。

月の利用については、１９６０年代にアポロ宇宙船が月に着陸した中継を見て、日本で社説が出たことがあったそうです。「月は愛でるものだ、けしからん」と。月を舞台にした世界最古のＳＦ、「竹取物語」のかぐや姫の世界を汚すように感じた方もいるかもしれませんね。

過去の人類の歴史を振り返ってみれば、最初に新大陸を発見して旗を立てた人や国が領有権を主張する行為は、人類社会の不文律としてあります。アメリカ大陸もそうですよね。その一方で南極条約のように、どの国も利権を放棄して人類の科学のために使う場所にしましょうということで成り立っている場所もあります。

そもそも、アメリカが１９６９年に人類で初めて月に着陸したとき、アメリカ国旗を立てたものの、月の領有権は主張せず「人類にとっての偉大な一歩」としました。もし、反対に旧ソ連が月レースに勝利して、月の領有権を主張していたならば、アポロ計画は50号ぐらいまで続いて、米ソで旗の数を競っていたかもしれません。

現在、月の所有に関する明確な法的根拠がないことが問題だといえます。だから「月の土地売ります」という商売も成り立っているわけですね。国連が条約をつくろうとしていますが、残念ながら国連は、世界のポリスではありません。アポロ計画終了後、月にもっとも多くの着陸機を送り込んでいるのは中国です。２０１９年1月には月の裏側に人類で初めて探査機を着陸させ、月面ローバーを走らせました。国連に対して中国は拒否権を持っていて、中国にとって不利益なことは拒否する可能性があります。

アメリカの議員の一部には、このままでは月が中国の領土になってしまうのではないか、気がつかないうちに月には中国の許可がないと降りられなくなって、資源は中国のものになるのではないかという意見もあります。放っておけば月に「リトル北京」ができてしまう。それが2024年にアメリカ人女性を月に着陸させると米政権が強く推進する背景でもあります。

矢野　1960年代の米ソの月レースと、基本的には同じ考え方なんですね。月は自分たちのものではないのに、世界各国で利権争い。

野口　宇宙とビジネスについては、宇宙はみんなの場所、公共の場所だからこそ、そこでビジネスをしてもいいという考え方もあるのではないでしょうか。

今は多種多様な宇宙ビジネスがあって、たとえば天気予報を行う民間の企業は、世界中の気象衛星データ、つまり公共インフラとしての気象衛星を使って独自の手法で解析して天気予報を行っています。こうした衛星データ利用は加速し、さまざまな分野に広がっていくでしょう。また宇宙という過酷な場所に挑戦することによって技術を磨き、その技術を地上のビジネスに役立てようという企業もあります。

先ほどデブリ（宇宙ゴミ）の話が出ましたが、公共の場所だからこそ、みんなに迷惑をかけないように宇宙の美化、つまり宇宙ゴミの掃除をしましょうという企業もありますよね。これに対してあまり反対する声はないと思います。

軍事利用も含めて、宇宙を排他的な目的や、利害が一致しない相手には使わせないという考え方には違和感を覚えます。その一方で、アメリカのＧＰＳ（全地球測位システム）は本来軍事目的で打ち上げられましたが、その一部が民間に開放され、我々の生活の中で役立てられています。たとえ軍事目的で開発された衛星でも、生活に役立つものや環境保護などの平和目的に転用できるものは、どんどん開放されるといいですね。

これまで主に宇宙飛行士が滞在してきた国際宇宙ステーション（ＩＳＳ）も、商業化の動きが進んでいます。民間企業が参入することによるメリットはたくさんあります。たとえば宇宙船の開発をボーイングとスペースXが競ったように、競争原理が働くことによって開発が加速したり、コストが下がったり、サービスの差別化が起こったり。

さまざまな分野のプレイヤーやスペシャリストが参加することによって宇宙開発のすそ野が広がり、サービスの質が向上し、思いもよらないアイデアが生まれます。たとえば日本が得意な衣食住の技術を活かせば、宇宙生活のＱＯＬ（Quality of Life：生活の質）も向上するでしょう。それが、さらにたくさんの人が宇宙に携わる機会を増やすことにも繋がると思います。

そこにある「宇宙旅行時代」

矢野　あのスタイリッシュなクルードラゴンに乗ってＩＳＳに行くのかと思うと、わくわくしますもんね。２０２１年10月にも、クルードラゴンで３人の民間人が宇宙飛行を行うという情報や、俳優のトム・クルーズがＩＳＳで映画撮影するという情報も話題になっていますよね。

私が見学させていただいたＮＡＳＡの訓練施設の副施設長さんも、「ＩＳＳに商業宇宙施設がドッキングする計画もあるし、ＮＡＳＡでも民間宇宙飛行士の訓練をすることになる予定です」と言われていました。

ＩＳＳにいよいよ私たち、一般の人たちが滞在することができるんでしょうか？　どのくらい話が進んでいますか？

野口　一番の注目点ですよね。スペースシャトルの時代も、宇宙船を作っているのは民間企業でした。ただしスペースシャトルはＮＡＳＡが設計して、下請けの民間企業に作らせていたものであり、あくまで設計の責任はＮＡＳＡにありました。そしてスペースシャトルはＮＡＳＡ所有の宇宙船であり、宇宙旅行に使うことは許されませんでした。

一方、スペースＸのクルードラゴンについては、設計責任は民間企業スペースＸにあります。スペースＸがＮＡＳＡの基準を満たす範囲で独自に設計して開発し、飛行テストを行う。ＮＡＳＡは宇宙船の安全性にお墨付きを与える立場です。ＮＡＳＡやＦＡＡ（米連邦航空局）の最終的な安全審査でＯＫが出たら、ＮＡＳＡはスペースＸからＩＳＳまで宇宙飛行士を運んでもらうクルードラゴンの座席と、打ち上げサービスを購入するという契約です。

つまり、ＮＡＳＡは宇宙船の顧客の一つなんです。スペースＸやボーイングはＮＡＳＡの他にも顧客を開拓し、宇宙船を宇宙旅行などのビジネスに使うことによって利益を出す。宇宙の商業化を加速することをＮＡＳＡも期待しています。それによって国は宇宙船を開発する税金を抑えることができます。ＩＳＳが飛行する地球周回低軌道は企業に主役を譲って宇宙商業化を進めてもらい、ＮＡＳＡはより遠い月や火星の探査などに税金もマンパワーも集中させようとしています。

クルードラゴンを宇宙旅行に使う場合、行き先はＩＳＳでも、宇宙ホテルでもいいし、地球周回を回って帰るだけのお手軽な宇宙旅行もありですね。我々のような職業宇宙飛行士でない宇宙旅行客は「プライベート・アストロノート」という新しい呼称が与えられるようで、ＩＳＳで宇宙旅行客を受け入れる計画は「プライベート・アストロノート・ミッション」という名前で話し合いが始まっています。

その詳細については、２０１９年6月にＮＡＳＡが発表しています。ＩＳＳを商業活動の場としてオープンにすること、民間宇宙飛行士を最大30日間、年に2回受け入れることなどです。

具体的には旅行客にＩＳＳのどこで寝てもらうのか、トイレや食事はどうするか。そもそも世界15か国が建設・運用するＩＳＳは人類共通の財産であり、科学ミッションや観測などを主目的に使われています。観光客が訪れて宇宙食を食べ、トイレや酸素、電気などを使うのであれば、その分の経費は請求しますよという考え方で、ＮＡＳＡは料金表を作りました。

トイレなどのライフサポートが１日１万１２５０ドル、宇宙食や空気、運動器具などに１日２万２５００ドルなど合計１日あたり3万５０００ドル（1ドル１０６円として約３７１万円）です。映画撮影なども含めて、民間企業の多彩なアイデアや豊富な資金力を活かして、さまざまな利用が進められていくでしょう。

地上で旅行に行く場合、必要な手配は移動手段と宿泊先ですよね。宿泊先のＩＳＳについては議論が始まっていますが、移動手段については、我々が乗るクルードラゴン運用初号機Crew-1が成功すれば、宇宙旅行にもＧＯが出るのではないでしょうか。

ボーイング社のスターライナーは、クルードラゴンとは内装や宇宙服が異なります。ＩＳＳへの輸送費用は２０１９年の試算では約５８００万ドルと高額でしたが、２社の間で競争原理が働いて、「ボーイングがこの金額ならうちはこれで」とか「３～４機まとめて買ってくれたらこの金額で」という話が出てくる可能性もありますよね。

民間宇宙旅行時代の幕開けは、もうそこまで来ているといえるでしょう。宇宙に行きたいと思う矢野さんや世界中の人たちのためにも、我々の飛行を成功させなければ、と思っています。

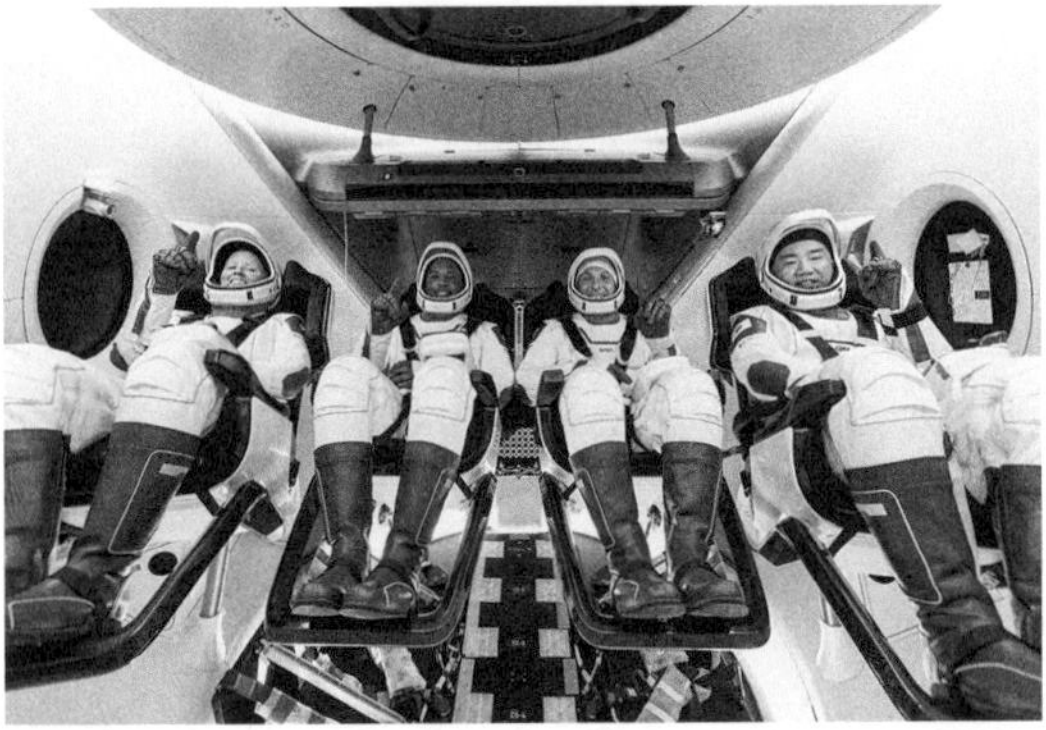

実際の宇宙飛行で乗るクルードラゴン宇宙船の中で最終訓練中の Crew-1 チーム。画像右端の野口さんの横には窓があり、地球や宇宙の眺めもレポートしてくれるだろう。
Ⓒ SpaceX

地球のそばで、地球のために —— 矢野

野口さんを含め宇宙飛行士の人たちは、宇宙から地球を見て、「地球に国境は見えなかった」とおっしゃっています。それが地球の本来の姿ですよね。地球も月もみんなのもの、というより、誰のものでもない。そもそも国家単位で物事が進むことを私は信用していないのです。ナショナリズムが良いものだとは、私には思えません。

ツイッターで投稿したときにずいぶん反対意見もいただいたのですが、オリンピックで誰かが金メダルをとったときに国旗を掲揚するのが、あまり好きではないのです。

みんなが拍手をすれば、それでいい。国の代表ということでなく、すべての選手

が個人の立場で競い合うなら、どんなに面白いだろうなと思います。そうツイートしたら、国のために戦っている人に対して失礼だ、などの反対意見。その一方で、「私もそう思っていました」という返信もいただきました。

宇宙から見た地球には国境がない。地球は誰のものでもない。そのことを目の当たりにするためにもＩＳＳに行きたいです。ＩＳＳは絶妙な位置にあると思うから。

宇宙空間は野口さんが言われたように、死の空間であり、人間はかなり無理をして宇宙に行っているわけです。でもＩＳＳは宇宙と地球の狭間にあって、へその緒が地球に繋がっているような状態だと思います。地球と距離が近いから往復に時間がかからないし、一歩外に出れば宇宙の怖さをちゃんと味わえます（……のはずです）。

そしてＩＳＳからの地球の眺めは、ごく薄い大気の中で物質が循環し、他の天体から物資を補給する必要もなく、すべてのものが備わっていること、大気の中でだけ、人間や生物たちが息をして生きていられることを教えてくれるでしょう。

地球のありがたさを伝えるために宇宙にいるようなＩＳＳが私はすごく好きで、

『When We're In Space』という曲を作りました。多くの人に宇宙を、ＩＳＳを身近に感じてほしいし、お茶の間で宇宙を話題にしてもらえたらと願って。『ふたりぼっちで行こう』というアルバムの最初に入っている曲で、近所に住むリード・ヘイズさんとコラボしました。

２人とも宇宙の話をするのが大好きで、いろいろなことを話し合いました。たとえばＮＡＳＡのＩＳＳに対する考え方を表す「Off the earth, for the earth」という言葉。「地球のそばで、地球のために」っていう意味で、宇宙開発は地球から遠く離れることだけが目的ではなく、地球の私たちのためになり、そして太陽系の地球という星に住んでいることの素晴らしさを再認識するための活動だということを、とてもよく表していると思うんです。そんなことを話しながら曲ができました。

ＩＳＳのあたりに別荘があればいいなという希望を抱いています。ＩＳＳから地球を俯瞰して、地球で生きていることへの感謝を感じたい。そして「ありがとう」と言いたいのです。

第6章

宇宙に飛び出すことは地球を知ること

2月にヒューストンで2人が対談した直後から、世界は大きく変わりました。新型コロナウイルス感染症（ＣＯＶＩＤ－19）のパンデミックにより、〝Stay Home〟が世界の合言葉になりました。さらに5月末にはアメリカ・ミネソタ州で警察官が黒人男性を死亡させた事件を発端に、反人種差別デモが世界に広がります。

矢野顕子さんが住むＮＹ州は、一時期全米で最多のＣＯＶＩＤ－19感染者を出し、3月22日にはロックダウンに。日本で予定していたコンサートは中止や延期を余儀なくされました。さらにデモで暴徒化した一部の人々によって、ＮＹ中心部で有名デパートなどへの襲撃や略奪が発生、夜間外出禁止令が発令されます。そんな状況下で、アメリカの新しい民間宇宙船クルードラゴンが宇宙に飛び立ちました。

野口飛行士は次のクルードラゴンの搭乗が決まっていますが、訓練形態は大きく変わり、リモート訓練が基本になりました。

2人はこうした、世界の状況やご自身を巡る変化について、何を思ったのでしょうか。「ニューノーマル」（新しい常態）で生きていかざるをえない今、宇宙に飛び立つことはどんな意味を持つのでしょう。現状と未来について語り合います。

コロナ禍での変化

矢野　最近は毎晩、巡回のヘリコプターが夜中まで飛んでいます。今日も外出禁止令が出ていますが、私は３月から３か月ぐらいの間、近くのスーパーに１週間分の食料を買いに行く以外は、ほとんど外に出ていません。

本当は６月の今頃は、日本でライブツアーをしているはずだったんです。でも、どんなにコンサートをやりたい気持ちがあっても、自分ではどうしようもないですね。明日がどうなるか、誰にもわかりません。不安はないわけではないですが、私に音楽を作る意志がなくなったらすべてが終わる。みんなのために歌って演奏したいという気持ちは衰えていませんし、その気持ちを維持するのが、今の私の仕事だと思っています。

野口さんは３月末、「自宅待機・外出制限で辛い毎日。先が見えない孤立無援の状況ですが、一日ずつ乗り切っていきたい」とツイートされましたよね。ＣＯＶＩＤ－19でどんな影響を受けましたか？　とらえ方が変わったことはありますか？

野口　今思えば、２月に矢野さんとヒューストンでお話しした頃は、のんびりとした時期でしたよね。３月からＮＡＳＡは基本的に全員テレワークになりましたが、クルードラゴンに搭乗が決まっている我々宇宙飛行士は、特例で訓練を続けています。問題は、訓練方法をどうするか。

通常の訓練は、訓練インストラクターと宇宙飛行士たちが同じ場所に集まって行います。感染が拡大すると、自宅のＰＣでできる訓練をインストラクターたちが急きょ組み上げ、ヒューストンからスペースＸのあるカリフォルニア州ホーソーンに移動するときは、ＮＡＳＡが所有する航空機をフル稼働してくれました。スペースＸでは訓練施設が隔離され、インストラクターはほぼ毎日ＰＣＲ検査を受けていました。

これらは宇宙飛行士の訓練を見直すきっかけになりましたね。最初は〝リモート訓練なんて、何もできないでしょ〟と反発したのですが、かなりの部分が遠隔でできることがわかりました。

確かに、横にインストラクターが立って手取り足取りやれば、早いし楽です。でも、準備をして臨めば、対面でなくても訓練はできる。宇宙船のシミュレーターをヒューストンに作って遠隔操作すれば、我々がカリフォルニアまで行かなくてすむようになるかもしれない。

そもそもＩＳＳに行った後は、どんなに複雑な作業や訓練も、すべて地上チームとオンラインで解決しているわけですから。

矢野　ほんとですよね。私もオンラインでファンミーティングができて、今までコンサートになかなか来てもらえない地方の方と話したり、いろんなことができるってわかりました。

野口　直接オンラインで話せて、ファンの方は喜んだでしょうね。

感染拡大前後で驚いたのは、ソーシャルディスタンスを保つ、外出自粛などの行動様式があっという間に世界中に広がったことです。人々の生活様式が変わるのに、意外なほど時間がかからないのだなと。

行動や生活様式がガラリと変わるという点で思い出したのが、９・１１です。９・１１後は平穏な日常は奪われ、急にセキュリティが厳しくなり、互いに疑い合う時代になってしまった。常に誰かに狙われる気がしたり、ある特定の宗教を持つ人たちに対するいわれなき差別が続いたり。アメリカ社会を明確に変えた事件でした。

新型コロナウイルスに感染した方々に対する、社会的バッシングも気になりました。最前線で戦っている医療従事者や、その家族までがたたかれる。ウイルス感染が拡大し、不安や不満が溜まった結果かもしれません。でも、感染した方や医療従事者はもっと不安なはずです。一部の方々にさらに不満が溜まらないように、心を配ることが大事ですよね。

　不満については、初飛行をしたときのアイリーン・コリンズ船長の言葉を思い出します。「全員が満足することではなく、全員の不満にばらつきがないことを目指しましょう」と。誰かの不満を解消すると、他の誰かにしわ寄せがいきます。家族でもそうですよね。お母さんだけが我慢して不満を多く抱え込む状態になると、そのうち爆発して家族みんなが大変な思いをすることになる（笑）。その前に不満を解消してあげないと。

This is America.

矢野　そうですね。９・１１のときは一瞬にして世の中が変わるんだなと感じて、そこから物事に対する見方が変わりました。自分の命も含めて、明日どうなるかわからないなって。
　今回は、新型コロナウイルスのパンデミックと人種差別に対する抗議運動が重なって気落ちしてしまいそうですが、感染拡大の恐れと闘うために何より必要なのは、正確な知識だとも感じています。

ところで一時期、私のツイッターのタイムラインを見て面白いなと思ったのは、3つの話題が並行して出てくることです。それは、民間宇宙船クルードラゴンの打ち上げのこと、新型コロナウイルスのこと、人種差別に対する抗議や暴動のこと。この3つが混在するのが今のアメリカ、つまり「This is America.」なんです。

どこかで差別に対する怒りから暴動の火の手があがっても、ロケットは飛ぶぞと。そしてロケットが飛ぶのに、新型コロナウイルスで亡くなる人もいる。これが「ニューノーマル」の世界なんだと思いましたね。

野口　ウイルスと暴動の問題に、真摯に対応しなければならないのは確かです。でも、それ以外の活動はすべて止めるのか。宇宙開発を全部やめて、その予算を新型コロナウイルス対策に費やせばハッピーなのか。決してそうではないと思います。

たとえばクルードラゴンの有人テスト飛行は、9年ぶりにアメリカの宇宙船がアメリカから打ち上がるという歴史的イベントで、本来は多数のゲストを招いて盛大に行われるはずでした。ところが、ウイルス感染防止の観点から、来場者を家族と限られた関係者だけに絞って打ち上げられました。

もし、パンデミックが半年で終息するとわかっていれば、打ち上げを遅らせたかもしれません。しかし、半年や１年ぐらいでは終息しそうにありません。コロナウイルスによって世界的に起こった生活や社会の変化は、当分の間、元に戻らないでしょう。だからこそ、宇宙開発を止めなかったといえると思います。

コロナウイルスも暴動も、アメリカではもはや日常です。その一方、さまざまな活動を止めることによる目に見えない社会的・精神的マイナスはめちゃくちゃ大きい。だからこそ、その時々の状況に応じて、それぞれがプロとしてできることをやっていくしかない。僕の場合、それは宇宙です。

矢野　私の場合は、音楽。

野口　まさしく。ところで宇宙開発の歴史を紐解けば、地上で大きな政治的・社会的問題が起こった例では、１９９１年末に旧ソ連が崩壊し、ロシア連邦になった頃の話が語り継がれています。当時、宇宙ステーション・ミールが飛行中で、宇宙飛行士が２人滞在していました。

その一人、セルゲイ・クリカレフ飛行士は１９９１年5月に打ち上げられ同年10月、つまりソ連崩壊前に帰還する予定でした。ところが、政権崩壊の影響で帰還が半年間のびてしまったんです。結局、彼は約３１２日間ミールに滞在し、１９９２年3月に帰還しました。

旧ソ連時代に打ち上げられ、宇宙滞在中に祖国はロシア連邦になってしまった。「最後のソビエト連邦宇宙飛行士」として、彼は有名になりました。そして、その後もロシアは宇宙飛行士を打ち上げ続けました。たとえ国がなくなるという劇的な変化にあっても、人類は宇宙開発の歩みを止めることはなかったわけです。

クルードラゴンの有人テスト飛行は、困難な状況に打ち勝つ、強いアメリカの象徴だと強調されました。同時に、この成功は単にアメリカにとどまらず世界中の人たち、特に若者たちに大きな夢を与える成功だったのではないでしょうか。

スペースXだけでなく、ライバル社のボーイングも頑張っています。また、アマゾン・ドット・コムのＣＥＯジェフ・ベゾスが情熱を注ぐ宇宙企業ブルーオリジンや、ヴァージン・グループのＣＥＯリチャード・ブランソンが手掛けるヴァージン・ギャラクティックも、宇宙の入り口まで上昇して戻る、短時間の宇宙旅行実現に王手をかけている。これらは政府の意向と関係なく、民間企業が主体的に自由に有人宇宙飛行に挑戦できるという、素晴らしい動きだと思います。

クルードラゴン有人テスト飛行成功会見で国威を発揚していたNASA長官も、最後には「次は国際ミッションになる」と明言しました。この成功はアメリカだけのものではない。さまざまな国と仲良くしながら宇宙開発を進めなければならないことを、思い出してくれたみたいですね。

私たちが乗るクルードラゴン運用初号機Crew-1は、アメリカ人だけでなく日本人、そして女性、黒人と多様なメンバーからなる「多様性」が強みです。人種差別やさまざまな問題に直面する現代社会において画期的で、大きな意義のあるフライトになるはずです。

多様性は強靭さに繋がる

矢野　人種問題で揺れるアメリカはもちろん、世界全体でダイバーシティ（多様性）はとても大切なテーマですよね。その意味で、Crew-1にアメリカ人だけでなく、日本人の野口さんが乗る意味はものすごく大きいと思います。

「多様性は強靭さに繋がる」と野口さんはＮＡＳＡテレビで言われていましたね。また、「Soichi（野口飛行士のこと）はシャトルもソユーズも経験しているベテラン飛行士で信頼できる」と、野口さんの多彩な飛行実績が世界で評価されていることも紹介されていて、嬉しかったです。

次の宇宙飛行は４人乗りで、女性とアフリカ系アメリカ人の飛行士が搭乗するんですね。どんな方たちなのですか？

野口　まず、有人テスト飛行に搭乗した２人の飛行士から紹介しましょう。ダグ・ハーリー飛行士とボブ・ベンケン飛行士は２０００年に宇宙飛行士候補者に選ばれた同期生で、さまざまな点で共通点があります。トップエリート軍人で、ホワイトカラー、２人とも奥さんは宇宙飛行士の同期生。「プラウドアメリカン」といわれる人たちです。両者ともスペースシャトルの飛行経験を持ち、非常に優秀な宇宙飛行士です。９年ぶりのアメリカの宇宙への復活という重責を、見事に果たしました。

次に、我々Crew-1チームの４人を紹介します。コマンダーはマイケル・ホプキンス飛行

Crew-1チーム。左からシャノン・ウォーカー、ビクター・グローバー、マイケル・ホプキンス、野口聡一。キーワードは多様性。© NASA/Norah Moran

士。エアフォース出身のベテランパイロットで、２０１３年からＩＳＳに約半年間滞在し、今回が２度目の飛行です。大学時代は僕と同じくアメリカンフットボールをやっていたので、休み時間にアメフト談義で盛り上がることもあります。

　クルードラゴン初の女性飛行士がシャノン・ウォーカーです。彼女はライス大学で宇宙物理学の博士号を取得した後にＮＡＳＡで働いていました。２０１０年にＩＳＳに約５か月間滞在して今回が２度目の宇宙飛行です。ちなみに彼女の夫は、私の初飛行で同乗したアンディ・トーマス宇宙飛行士。僕はご夫婦とそれぞれ別のミッションで同乗することになります。奇遇ですね。

　ビクター・グローバーはアフリカ系アメリカ人で、ＩＳＳに長期滞在する初めての黒人です。海軍のテストパイロット出身で、日本の厚木基地での勤務経験があり、大の日本ファンでもあります。４人のクルーの中では唯一の初飛行になりますが、クルードラゴンの開発テストには早い段階から関わっていたので、とても頼りになります。

そして私。チームでは最年長であり、３つの異なる宇宙船に乗っているのも私だけ。引き出しの多さ、経験の豊富さでチームに貢献したいと思います。

現在の世界人口は約77億人で、そのうちアメリカ人は約３億人です。つまり、アメリカ人以外の約74億人の中で、民間宇宙船に乗るのは僕が初めてということになります。

矢野　約74億分の１って、すごいことですね！

野口　光栄です。アメリカ人以外でもクルードラゴンで飛べるという事実は、世界中の人にとって大きな訴求力になるのではないかと思っています。国籍にこだわらずに宇宙に挑戦できるのだと。日本人、女性、黒人、そして軍のベテランパイロット。多様性こそがチームの強靭さに繋がることを、このチームで世界に示したい。

ただし、アメリカ人以外が搭乗することには壁もありました。外国人への技術漏洩を防ぐ目的で米政府が定めた守秘義務が非常に厳しく、スペースX社での訓練では外国人が入れない部屋や、見られない文書があります。トイレに行くときもスペースXの社員がついてくる。

想定外の厳しさで、担当者は「我々の方針ではなくて、米国政府が法律で決めたことなので」と申し訳なさそうに言ってくれました。

しかし、大きな障害ではありません。僕は長年、このときを待っていたわけですから。スペースXのCEOイーロン・マスクに最初に会ったのは２０１６年、メキシコで行われた国際シンポジウムの会場でした。「最初にクルードラゴンに乗る外国人は僕だから」と伝えると、「そうなったらいいね」とあっさり流されましたが（笑）。僕も〝ただ乗りたい〟と主張するだけでなく、〝乗せてやってもいいか〟と思ってもらえるよう技量を磨きました。

スペースXのCEOイーロン・マスクと。2016年に「クルードラゴンに乗る初の外国人は僕」とイーロンに言ったことが現実に。© Soichi Noguchi

我々の飛行を成功させることで、宇宙利用を次のステップに繋げたい。そして、世界中の民間企業に〝スペースXができるなら、うちにもできる〟と思って挑戦してほしい。〝これからは俺たちの時代だ〟と。イーロン・マスクも南アフリカ出身の移民です。参入する人が多いほど、宇宙は限られた人たちの場所でなく、開かれた場所になっていくはずです。

地球上のより多くの人たちが簡単に、気軽に宇宙にどんどん行ける〝宇宙新時代〟を拓きたいですね。

私たちが宇宙に行ける日

矢野　野口さんたちのクルードラゴンでの宇宙飛行が成功すれば、私たち世界中の一般人が宇宙旅行できるチャンスがぐっと近くなるっていうことですよね？

いつ頃、私たちは宇宙に行けるんでしょうか？

私は宇宙飛行士訓練で必要な水泳については、頑張って泳げるようになりましたが、宇宙旅行に行くときは、他にどんな訓練を受ける必要がありますか？　医学的に行けない条件とかありますか？

野口　我々の飛行が成功すれば、宇宙旅行の動きはすぐ始まるはずです。ＩＳＳが飛ぶ高度約４００キロメートルの地球周回軌道、つまり「ご近所の宇宙」は、宇宙観光旅行を含めさまざまな人が行けるエリアになっていくと思います。

アクセスももっと快適になっていくでしょう。僕が２００９年にＩＳＳに行ったときには片道２日かかりましたが、数年前からは片道６時間になりました。ロシアは今、さらにその半分の時間で行けるようなプランを出しています。

原理的には問題なく、６時間の飛行中の２時間ぐらいはデータ確認など、トラブルがあった場合に対応するための予備時間です。打ち上げが予定通りに行われ、正確な軌道に宇宙船を投入できれば、３時間でＩＳＳに到着することは可能になる。３時間といえば、東京―大阪間の移動ぐらいで、宇宙がぐっと身近になりますよね。

そうなったときにどんな訓練が必要か。たとえば２日間ソユーズ宇宙船で過ごすなら、宇宙船のことをきちんと知っておかないといけません。トイレとか食事、寝る場所、夜一人で起きちゃった場合に他の人を起こさないでトイレに行くには、どのボタンを押せば最低限の電気がつくか――、知らないと不安ですよね。

でも３時間なら、トイレの使い方を知らなくても、おむつをして座っていればいいかという気がするかもしれません。その意味で、移動時間が短いことはメリットが大きい。宇宙旅行者の負荷が減るし、旅行客を運ぶ側にとっても訓練する負担が減ります。

メディカルチェックは、飛行時間がどんなに短くなっても残ります。ＩＳＳに行くなら、心臓系の疾患を持つ方や、気圧の変化に極端に弱い方は何かあった場合に困るかもしれません。宇宙旅行者の医学基準については、専門家の間で議論が始まっています。

矢野　ジョン・グレン宇宙飛行士は１９６２年にアメリカ人で初めて地球周回軌道を飛び、１９９８年に77歳で再び宇宙に行ったわけだから、高齢でも大丈夫だと思いたいです！

野口　そうですね。そして宇宙船側からの視点でいえば、重力加速度を低減できる方法もあります。現在は宇宙飛行の際、一番効率のいいエンジンの噴射の仕方をしています。つまり、コストと時間がかからない方法です。その結果、宇宙飛行士には４Ｇ（体重の４倍）程度の重力加速度がかかります。

宇宙旅行の場合には、少し燃料効率を落として燃費の悪いエンジンのふかし方をすれば、重力加速度を減らし、乗客の身体にかかる負担を少なくすることができるんです。ちょっとお値段は割増しになるかもしれないけれど、「身体に負担の少ないほうがいいわ」という方は、そういう特別コースを選べばいい。

シートの材質を変える方法もあります。宇宙船に大きな振動がかかっても、座席に衝撃吸収材を余分に設けてあげれば、振動を緩和できます。性能のいいベビーカーには、凸凹した道路を移動するときの振動を赤ちゃんに伝えないように、すでに衝撃吸収材が使われていますよね。最新の素材を使うことで負荷を軽減するのも、一つの方法だと思います。

訓練については、宇宙で何をしたいかによって変わってきます。結局、「訓練とは権利」なんです。宇宙飛行は訓練が大変というイメージがあるかもしれませんが、訓練を減らすやり方はいろいろあります。ただ、自分ができることが減っていくだけです。

ＩＳＳで水を一滴も飲むつもりがないなら、ＩＳＳの調理台の使い方を訓練する必要はないし、寝室を使わずに廊下で寝るだけでいいなら、個室の使い方をマスターする必要もありません。

極論をいえば、助かりたくないなら訓練ゼロで宇宙に行くことも可能だと思います。でも、ＩＳＳでたとえば火災が起こって煙が広がった場合に、防煙マスクを着用する、酸素ボンベをオンにする、手袋をはめるといった手順を即座にできるようにしておくと、助かる可能性は高くなります。訓練を受けず「僕の防煙マスクどこだっけ?」と探している間に命を落とすより、訓練を受けて準備するほうがいいでしょ、という考え方です。

宇宙時代の可能性

矢野　宇宙でいろいろなことをやりたいなら、訓練をちゃんと受けなさいってことですね。ＩＳＳのあたりだけでなくて、月をぐるっと回る月周回旅行を予約された、日本人のお金持ちもいますよね。あの宇宙旅行は実現しそうなんでしょうか。

民間の宇宙旅行者が増える一方で、ＮＡＳＡやＪＡＸＡのプロフェッショナルな宇宙飛行士たちは、月や、もっと遠い火星を目指すことになるんですね。

そんな宇宙時代が私たちにもたらすものってなんでしょう。

野口　僕は宇宙時代がもたらす一番大きな点は、可能性だと思っています。

ＩＳＳが飛行するあたりの地球周回軌道「ご近所の宇宙」は、民間に開かれていくでしょう。宇宙ホテルや民間宇宙ステーションを構想している企業はいっぱいあります。スペースＸやボーイングなど多数の民間企業が参入して価格競争が起き、輸送のコストがびっくりするくらい安くなったときに、宇宙ホテルや別荘が実現する光景は目に浮かびます。

そのときには、さまざまなサービスやビジネスが生まれるでしょう。たとえば、今晩の特別ディナーにはNYのあの名店のあの味を届けます、という「Uber Eats in Space」とか。

もっと遠くの宇宙はどうか。月の南極あたりには豊富な水資源が眠っているという観測データがあり、世界各国や民間企業が、その水資源を一番に掘り当てようと計画を立てています。水があれば人間の月面居住に大いに役立てられるし、ロケットの燃料に活用して火星に向かうなど、活動の幅が大きく広がります。かつてのゴールドラッシュが月で起こりつつある。

ただし現在、月に人間の営みはありません。人間が暮らし、多種多様な活動を展開するには往復のアクセス手段を含めてインフラ整備が必要ですが、問題は、月に行くアクセス手段がほとんどないことです。アクセス手段がないことには次のステップはありません。

身近な例でいえば、東海道新幹線。新幹線が開通する前は東京—大阪の特急電車は6時間以上かかっていて、宿泊出張が普通だとみんな思っていた。新幹線が開通してその移動時間は3時間程度まで縮まりましたが、そんなに早く行って何をするんだ、そんな必要が本当にあるのかという議論がありました。ところが今では、東京—大阪間に乗るのはほとんどがビジネス客であり、日帰り出張に新幹線は欠かせません。交通手段ができたからこそ、生まれる経済活動の可能性は間違いなくあると思います。

月周辺のインフラという意味では、「ゲートウェイ」計画があります。アメリカや日本、欧州、ロシアなどの国際パートナーと一緒に、国際協力で月の周回軌道に作るステーションです。ＵＡＥなど新しいパートナーも加わる可能性があり、もしかしたら中国も参加するかもしれません。

地球からゲートウェイに到着後、月着陸船で月面に着陸したり、火星行きの船に乗り換えたり、どこに行くにも必ず通るから「ゲートウェイ（出入り口）」。この先10年、20年とサステナブル（持続可能）な月面開発や火星探査を視野に入れて進めていくのだと思います。

矢野　ＮＡＳＡに見学に行ったときにも、ゲートウェイや、月への有人飛行に使われるオライオン宇宙船の実物大模型を見ました。

野口　はい。ただし、月に物資や宇宙船を運ぶ肝心のロケットＳＬＳ（Space Launch System：ＮＡＳＡが開発中の新型ロケット）がまだ完成していないなど、ゲートウェイ計画は問題も抱えています。そもそも、アメリカの宇宙計画は政権が代わるたびにキャンセルされることを繰り返してきました。

たとえばＩＳＳはレーガン大統領が１９８４年に提唱し、日本が参加を表明したのですが、その後、クリントン政権下で莫大な予算に対する批判が起こり、ＩＳＳ計画中止案が１９９３年の米下院本会議に提出されました。この法案はわずか1票差で否決され、かろうじてＩＳＳは生き残ったんです。もし、ＩＳＳ中止案が可決されていたら、日本の有人宇宙開発は終わっていたかもしれません。

アメリカ政府は現在、月面にアメリカ人女性が着陸し足跡を残すという、アポロ計画女性版「アルテミス計画」を掲げて各国に参加を働きかけ、日本人宇宙飛行士が月に着陸するための話し合いを日米間で進めようとしています。ただし、アメリカ人女性飛行士が月面に着陸し「We are great again!」と言った時点でアメリカは目的を達成し、アルテミス計画と並行して国際協力で進められてきたゲートウェイ計画が終わる可能性だってありえます。

一方、日本では計画変更の可能性を孕《はら》みながらもゲートウェイが完成し、月に頻繁に人間が着陸するようになった時代を見据え、トヨタ自動車が宇宙飛行士２人が数十日間滞在しながら月面上を移動する有人月面車の研究を、ＪＡＸＡや多数の民間企業と進めています。トヨタのような世界的企業が参画した事実は、ＮＡＳＡでも高く評価されています。さらに建設会社や住宅会社が月面基地建設のための、実験や研究を行っています。

1969年7月20日（協定世界時）、アポロ11号は史上初めて人類を月に着陸させることに成功。アームストロング船長が月面に最初の一歩を踏み下ろす場面は全世界に生中継された。アームストロングは「これは一人の人間にとっては小さな一歩だが、人類にとっては偉大な飛躍である」と語った。©NASA

さまざまな企業が月面探査の名のもとに技術を集結していることは産業界への刺激になるし、その技術は月面や宇宙環境だけでなく、地球上の環境の厳しい場所やさまざまな場面でスピンオフされて貢献するでしょう。

矢野　宇宙へ飛び出すことは、つまり地球を知ることであり、人類に貢献すること。

野口　それが理想ですよね。

そして月への飛行という点では、政府が進めるゲートウェイ計画やアルテミス計画よりも、民間が進める月周回旅行のほうが早く実現するかもしれません。月に着陸せずに月をぐるりと回って帰ってくる飛行は月着陸より圧倒的に安いし、楽だし、危険が少ないからです。

月周回飛行では、地球からは絶対に見えない月の裏側や、月の地平線から地球が昇る「地球の出（アースライズ）」も見られます。ＩＳＳに行くよりはロケットのパワーは必要で、重力加速度もかかりますが、それ以外はほとんど今の技術で実現可能です。

２０１８年に実業家の前澤友作さんがスペースＸと約１週間の月周回旅行を契約し、アーティストを数人連れていくと発表しましたよね。矢野さんが「ＩＳＳは地球とへその緒で繋がっていて程よい距離」と言われたことに、僕もすごく共感します。
でも、次の世代は「月ぐらいがちょうどいいね」という可能性はあります。「宇宙飛行士はすぐ火星とかに行っちゃうけど、月は3日で行けるし」と（笑）。

何もないからこそ見えてくるもの

矢野　宇宙にたくさんの人が行けるようになるといいと、心から思います。地上ではお金のあるなしとか、障害のあるなしとか、肌の色の違いとか、さまざまな差異があります。でも、宇宙から地球を俯瞰して、命を一つずつ持つ人間としての価値に差異がないことに気がつくことができたら、「あなたと私は同じだ」という新しい考えをきっと持つでしょう。
地球に自分が生きていることの価値を多くの人が感じられたら、どんなにいいだろう。世界が変わるんじゃないかという希望があるんです。

野口　同感です。ところで宇宙で痛感したのは、宇宙体験は基本的に「引き算の世界だ」ということです。皆さんは宇宙に行ったら地上と異なる、すごい体験をたくさんするに違いないというイメージを持っています。でも実際は、重力がないし、さまざまな人との繋がりもなくなっていく。限られた物しかないので、物からの刺激も圧倒的に少ない。食べ物も、地上で食べるほど新鮮でおいしいものが食べられるわけではない。ＩＳＳの中は無機質で基本的にグレーの世界だから、色の情報も少ない。動くものもない。

満天の星からの光や情報がわーっと溢れる世界ではありません。圧倒的に地上のほうがさまざまな刺激に満ち、人や物との相互作用があり、喜怒哀楽に溢れている。それは間違いありません。そこから逆にどんどん引かれていくことで、最後に何が残るのか。

残されたものから、一生懸命に世界観をつくろうとする中で見る景色や聞く音が、結局、宇宙体験ではないかと思います。

僕にとって今もありありと浮かぶ光景は、ＩＳＳのマストのてっぺんによじ登って観た地球の姿であり、宇宙の大海原を帆船ＩＳＳ号に乗って航海していると感じた実体験です。地上をはるか離れたこんな厳しい環境に、〝天空の城〟のような巨大な構造物を作ってしまう人類のすごさを伝えたいし、この感動をより多くの人に体験してほしいと強く感じました。

矢野　それが野口さんが、宇宙に求めたものだったってことかもしれませんね。

野口　そうかもしれない。月面を歩く人たちがすごく感覚が研ぎ澄まされるというのは、たぶん、月が何もない世界だからでしょう。月面は空気もなく、水もなく、ただ月の砂レゴリスや岩が一面に広がる荒涼とした世界です。

そこに命はなく、モノクロの世界の中でたった2人の人間しかいない。背負っている酸素がなくなればもうおしまいっていう状況の中で、指の先ぐらいに小さく、漆黒の闇にぽっこりと浮かぶ青々とした地球の姿に、かけがえのない命の輝きを見る。

それは引き算の繰り返しの中で、最後に残されたものだったわけです。何もないからこそ、一番大切なものが見えてくるのでしょう。

それは、世界の現状と似ているかもしれません。新型コロナウイルスの感染が世界中に拡大し、以前は当たり前にできていたことができなくなりました。音楽活動が制限された中で、アートについて、矢野さんが気づいたことはありましたか？

大事なのは、一日一日の積み重ね

矢野　自分が音楽を表現することが誰かの喜びになったり、誰かを笑顔にしたりできるんだということの特権を改めて感じましたし、また人間にとって、どんなにそれが大切なことであるかという思いが増しましたね。同時に、こんなに音楽をやりたい気持ちはあるのに、それを出すことができないもどかしさも。

　でも、昔はよかったとは思わないようにしたいと思っています。この状況でできることをやるしかない。「はい、コンサートをやりますよ！」となったときに、ぱっとできるように準備をしておく。ピアノの練習は毎日します。調律師が来られないから、ピアノの音はひどいことになっていますけどね（笑）。

　そして、もし昔と同じようなコンサート形式で演奏できなくなったとしても、全然後悔はありません。去年もその時点で最高のコンサートができたし、いつも全力でやってきたから。新しいやり方の中でベストを尽くせばいいと思いたい。野口さんはどうでしょう？

野口　同感です。ニューノーマルの中で、新しい自分たちの在り方や楽しみ方を模索し、見出していく時期なんでしょうね。

　僕自身が、世界が変わってしまうという恐怖を感じた出来事は３つあります。９・１１と３・１１（２０１１年3月11日に発生した東日本大震災）、それに今回の新型コロナウイルスです。大きなパラダイムシフトがこれから起きると思いますし、すでに始まっています。

でも、９・１１後の世界ではテロの恐怖は消えないけれども平穏な生活は戻ってきたし、３・１１の後も、日本は復興を続けて今に至っていますよね。新型コロナウイルスや人種差別の問題など、さまざまな課題はありますが、正確な科学知識をもとに技術や知恵を結集し、ウイルスとうまく付き合いながら、連帯して乗り越えていくはずです。

矢野　6月末に、日本など3つの宇宙機関が共同して、地球全体の新型コロナウイルスの影響を衛星データから調べられるウェブサイトが公開されましたよね。すごい！　と思ってツイートしました。最新の情報は空から届くんですね。

野口　はい。それから、身近なところではＩＳＳ長期滞在のノウハウも、今の状況に役立つことがあると思ってます。たとえば数ヶ月間のStay home中に、宇宙生活の経験から自分で実践していたことがいくつかあって。まず、自分ができることとできないことを客観的に分けること。自分に過度の期待をしすぎないこと。まだできる、もうちょっと頑張れるということを繰り返していると、身体より先に心が参ってしまいます。しっかりご飯を食べて運動して休息をとり、身体と心の健康を保つこと。今日の夕食は少しゴージャスにしよう！とか、ちょっとした彩りや変化を与えながら。

何より大事なのは、遠くを見過ぎずに一日一日を積み重ねることです。「いつ宇宙飛行できるだろう」「ゲストは打ち上げを見に来られるだろうか」など、不安を考え出すとその不安に気持ちを持っていかれてしまいます。まずは、今日一日を乗り切ればいいやと割り切る。そして「今日やるべきことができた！」「大切な人が一日健康に過ごせた！」という小さなサクセスを積み重ねる。翌朝、新しい一日が訪れたら感謝と祝福の気持ちを持って、「今日も一日頑張ろう」と日々を小さく重ねていく。[*1]

自分に与えられた仕事をきちんと行うこと、小さい積み重ねを続けることが、必ず宇宙飛行という大きな目標に繋がります。

宇宙から眺める地球は、10年前とどう変化しているのか。新型コロナウイルスの影響がどんな変化として見えるのか、それとも見えないのか。私たちは宇宙や地球の中でどんな存在なのか。それを宇宙から皆さんにお伝えしたいと思っています。ぜひ皆さんも空を見上げてほしい。

そのときを目指して僕も自分にできることに向き合い、日々を重ねていきます。

そうやって一人一人が日々を重ねることで、ニューノーマルに向けて、新しい道をつくっていくのではないでしょうか。

＊１「安心のヒント①宇宙飛行士 野口聡一さん」（ＮＨＫ「クローズアップ現代＋」２０２０年5月20日）
https://www.nhk.or.jp/gendai/comment/0013/topic003.html

宇宙に行く日を目指して――矢野

私が１９９０年からＮＹに住んでいるのは、「あなたは有名なの？」でなく「あなたは何を作るの？」と、作品で評価してくれるからです。

もし、日本に暮らし続けていたら、「あの人のこの曲がヒットしているのね」とか、「こういう歌詞が売れるんだから、私もそうしなくちゃ」とか、他人を気にしたり、流行に左右されたりしていたかもしれません。

みんなが同じような情報を見て、同じような曲を聴いて、空気を読まないとはじき出されてしまうような環境に身を置くことなく、ＮＹにいることで自分の世界を作り続けることができました。

自分が何者であるか、何を作るかを確立できる環境にいられることは、アーティストとしてとても大事なことだと思います。ニューヨークには世界中からアーティストが集まってきて、最高のものを作ろうと競っています。日本に住むほど楽ではないですし、不便なこともいろいろありますが、この刺激的な環境に身を置いていたいのです。

ＣＯＶＩＤ‐19パンデミックで、「自分は自分の考えで動く」ことに誇りを持っていたはずのニューヨーカーが外出を控え、ソーシャルディスタンスを保ち、マスク着用にちゃんと従っていることに驚きました。「人間として社会に貢献して当たり前」という意識が浸透しているんですね。

そして個を確立していながらも、買い物に行けないお年寄りのために助け合い、毎晩19時に医療従事者を応援する打楽器や声援が響くＮＹを改めて好きだなあって思いましたし、誇らしい気持ちにもなりました。

しかしＮＹも日本も、世界中でエンタメ業界は今、大変苦しい状況にあります。私の日本ツアーのときに夜通しトラックを走らせ機材を運んでくれていた輸送業の方たちが、先日、倒産してしまいました。40年間一緒にやってきたスタッフをもっとなくすかもしれず、本当に残念でなりません。私自身も、今年いっぱいは収入がないだろうと覚悟しています。

そんなときも宇宙のことを思うと「Way out」、つまり出口が見えるような気がして、気分が一気に上がります。いつか必ず宇宙に行って地球と対面したいし、宇宙の音を感じたいし、音楽を作り、歌いたい。宇宙でコンサートを開きたいという野望は少しも損なわれることはありません。

宇宙でライブをやるならお化粧はどうするんだろう、という点も気になります。世界中に高精細な映像でライブ配信されるとしたら、メイクやヘアは女性にとって大事です。女性飛行士によってはＩＳＳ滞在中にいつ撮影されてもいいように、きちんとメイクをチェックしている人もいるようです。

野口さんはダイバーシティが強靭さに繋がると言われました。宇宙飛行士だけでなく、さまざまな人種、年齢、職業の人たちが宇宙に行くことで、宇宙生活のＱＯＬが上がり、可能性が広がって、より魅力的な場所になることでしょう。

宇宙を知ることは、結局は地球における私たちの生活や心を豊かにすることに繋がると思います。宇宙に行く日を目指して、ご飯をきちんと食べて健全な生活を送りつつ、いい曲を書きたいなあ。

対談を終えた野口飛行士と矢野さん。

あとがき

宇宙は誰にでも開かれていて、思っているより近くにある

野口聡一

矢野顕子さんと最初にお会いしたのは、ニューヨーク・マンハッタンにあるレストランでした。対談にも出てくるハイラインという空中庭園の近く、Chelsea 地区にある明るいオープン・キッチンのお店で、店内はとても賑やかで活気に満ちていたのをよく覚えています。ヒューストンの片田舎から出てきた僕にとっては眩しすぎるような、お洒落なニューヨーカーのブランチを楽しませてもらいました。

僕の宇宙飛行ミッションに大変興味を持っていただいていて、ロケットの音、宇宙との交

信、さらには宇宙の起源に至るまで、いろいろな話をさせていただいたのを覚えています。あのブランチがきっかけでこの対談企画に繋がったのですから、出会いって本当に大事ですね。

今回の対談は、何が僕を宇宙に駆り立てるのか、なぜ矢野さんがこんなに宇宙が好きなのかというあたりから始まっていますが、その奥に流れる大きな命題は、なぜ人はこんなに宇宙に魅せられるのか、という根源的な問いでしょう。

人類が宇宙空間に飛び出したのは、わずか60年ほど前のこと、1961年にガガーリン宇宙飛行士が成し遂げた地球周回飛行が最初です。1人乗りのカプセル、ボストーク1号で地球を一周した彼の飛行時間はわずか2時間弱でしたが、その偉業は「地球は青かった」の言葉とともに当時の世界を席巻し、その後に続く宇宙開発競争の幕開けとなりました。

それ以来、人類は月に行き、国際宇宙ステーションを作り、小惑星を調査して地球に還ってくる宇宙探査機に拍手喝采するようになりました。映画館のスクリーンには宇宙を舞台にしたSF映画が流れ、スーパーの店頭で「宇宙食」を名乗る食品を見ることも決して珍しくありません。宇宙は急速な勢いで経済活動の延長になりつつあるのです。

また、宇宙飛行の成果はこのような科学技術面だけでなく、社会全体に大きな精神的なインパクトも与えてきました。それは、人類が地球を外から見るという「宇宙的な視点」を得たことで、新しい地球観を得たということです。

宇宙飛行士が撮影した蒼く美しい地球の姿を見て感動しない地球人はいないでしょう。同時に、我々の地球がかけがえのない故郷であること、薄い大気のヴェールで守られた地球環境は、実は脆弱なバランスの上になんとか保たれていることにも気づくでしょう。

そして、その環境を守り続けるためには、全地球的な取り組みが必要であることの重要さもわかるのではないでしょうか。我々人類はすべて「宇宙船地球号」の乗組員であり、この船が持続して宇宙を航海していくには、乗組員全員の協力と努力が必要になるのだということです。

宇宙開発が発展し、宇宙での経済活動が一般的になる一方で、人々の宇宙に関する意識には微妙な変化があります。それは「宇宙って難しい」「宇宙なんて自分には縁のない、遠い世界のことだ」という、回避ともいえるような苦手意識です。

たとえば宇宙の始まりに関する話。宇宙の起源はなんだろう、という問いには古今東西さまざまな説がありますよね。神話の世界、聖書の創世記、ギリシャ哲学者のコスモス観など、先人たちの想像力の豊かさには感服させられます。

ですが、現代の宇宙理論では１３８億年前のビッグバンから現在、さらに宇宙の終焉に至るまでのほぼすべての物理運動が綿密な理論と計算で満たされていて、素人が簡単に理解できるシロモノではありません。宇宙ってなんだか難しい、聞いていてもロマンチックじゃないからつまらない、って思った経験がある方はきっと多いでしょう。

また、宇宙へ飛び出したいという挑戦心も、報道されている宇宙旅行の費用や訓練の大変さを知る中で、宇宙への夢を断念してしまうことも多いようです。そもそも、大の大人が「宇宙に行きたい」ということを口にすること自体、恥ずかしいような風潮はないでしょうか。いってみれば、宇宙は技術的には近くなっているけれど、心理的には遠くなっているという「アンビバレント」な対象になっているのです。

そういう一般的風潮に対し、矢野さんには不思議なほど宇宙に対する心理的な壁がないんです。というか、興味があるから行ってみたいという、子どものようなストレートな探求心がまっすぐに伝わってきました。

矢野さんは感受性が強い方なので、無重力環境、宇宙での音などに関してはとてもするどい考察をお持ちで、対談中に何度も感服させられました。音で部屋の広がりを認識する、車のエンジンの調子を聞き分けるといったエピソードはまさに音の魔術師、矢野さんならではといえるでしょう。

一方、僕の方は、感受性が強いかどうかは別にして、宇宙での感性は大事にしています。宇宙の法則をアタマで理解するより先に、無重力とか地球の光とか宇宙の闇を自らの五感で感じ取りたい。ムズカシイ宇宙論は時とともに変わる可能性があるけれど、自分の感性でつかみ取ったものは誰にも侵されない、自分自身の貴重な宝になると信じているからです。ですから、矢野さんと宇宙体験を共有できることはとてもエキサイティングなことでした。

音のないはずの宇宙を音で把握したい矢野さんと、技術者でありながら自らの感性だけで宇宙を理解したい僕。畑違いの２人ですが、図らずも両者が共に目指していたのは「宇宙を我が手に」ということではないでしょうか。

宇宙は理詰めの世界ではないし、手が届かない場所でもない。普通の感覚を持った日本人が毎年のように行く場所なのです。こんなすてきな世界を、ごく一部の専門家だけにとどめておくのはもったいない。だって、我々が今見ている宇宙は、かつてガリレオ・ガリレイが、アリストテレスが、そして洞窟の壁に星々の動きを刻んだ原始人たちが見上げた宇宙と同じなんですから。

誰でも宇宙を語っていいし、誰でも宇宙に行きたいなあ、って夢を持っていい。宇宙はわくわくする世界で、誰にでも開かれていて、思っているより近くにあって、みんながそれに気づいてくれるのを待っている。そんな宇宙像って、すてきだと思いませんか？

矢野さんは、間違いなく矢野さん自身のスタイルで、宇宙をご自分のものにされていると感じました。それに加えて、実際に宇宙に行くためには何をすればいいのかを考え始めていらっしゃいます。宇宙飛行士になるためには泳げないとだめだと知って、苦手な水泳を克服したとおっしゃっていました。

矢野さんにとっての宇宙へのカウントダウンは、もう始まっているといえるかもしれませんね。矢野さんが軽やかなステップで発射台の階段を上り、ロケットの振動と荷重に耐え、無重力になった宇宙船から見る美しい地球の姿を、ピアノの音で表現してくれる日が早く来るように応援しています。

＊

さて、本書を世に出すにあたり、企画の立案から対談実施、文章構成まで面倒をみていただいた林公代さんに深く感謝申し上げます。

林さんとは僕が宇宙飛行士に選抜された１９９６年以来のお付き合いで、過去にもいろいろな出版物でお世話になっております。林さんはなんと言うかわからないけれど、僕的には「日本の宇宙出版界のベスト・デュオ」だと自負しております。今回も、脱線に次ぐ脱線が続いた我々の対談を、こんなに読みやすく整理していただき、改めて脱帽しております。次のロケット打ち上げも見に来てくださいね。

また出版にあたりお世話になった、光文社新書の小松現さんにも感謝申し上げます。

宇宙飛行士とアーティストの対談はこれまでにも多数の例がありますが、それだけで一冊の書物になるほどの深みと広がりがある企画に育て上げた例は稀有といわざるをえません。これまで数多くのベストセラーを手掛けてきた小松さんならではの慧眼といえるでしょう。

そして、本書の中でも異口同音に語られていますが、新型コロナウイルスで世界的に厳しい状況が続いている中で、献身的に活動してくださっている医療関係者、配送業などのエッセンシャル・ワーカーの皆様に改めて感謝申し上げます。宇宙飛行士をはじめ、宇宙開発に携わるすべての人間の仕事も、皆様の日々のご尽力があっての賜物と考えております。皆様のご健勝をお祈りするとともに、一日も早い事態の終息を祈念します。

最後に、この本を手に取って読んでくださった読者の皆様、本当にありがとう。

矢野さんと僕が語り合った世界に、読者の皆様を招待できたことはとても嬉しいです。皆様にとって何らかの新しい発見と、新しい楽しみが生まれますように。

読者の皆様の中から、宇宙への夢を繋いでくださる方が現れたら、僕にとって望外の喜びです。

２０２０年８月

スペースX有人テスト飛行「Demo-2ミッション」帰還の日に

参考文献

「矢野顕子のＮＡＳＡ訪問記 - 宇宙飛行士訓練の聖地で宇宙を体感!!」（マイナビニュース、２０２０年３月23日）
https://news.mynavi.jp/article/20200323-998706/

「矢野顕子のＮＡＳＡ訪問記 - 金井宇宙飛行士、宇宙ってどんな感じなんですか?-」（マイナビニュース、２０２０年４月２日）
https://news.mynavi.jp/article/20200402-1005784/

「【第15回】「１Ｑ８４」的世界観（野口聡一さんインタビュー１）」（ナショナルジオグラフィックマガジン「宇宙飛行士って面白い!」２０１０年７月29日）
https://natgeo.nikkeibp.co.jp/nng/magazine/astronauts/20100729/

「【第16回】得体のしれない深さ（野口聡一さんインタビュー２）」（ナショナルジオグラフィックマガジン「宇宙飛行士って面白い!」２０２０年８月６日）
https://natgeo.nikkeibp.co.jp/nng/magazine/astronauts/20100816/index.shtml

「宇宙飛行士に見る、〝頂点到達後〟のキャリア」（東洋経済オンライン、２０１３年11月６日）
https://toyokeizai.net/articles/-/23176

『なぜ、人は宇宙をめざすのか―「宇宙の人間学」から考える宇宙進出の意味と価値』（「宇宙の人間学」研究会、誠文堂新光社、２０１５年）

「宇宙空間における重力基準系の変化は人にどのような影響を与えるか：身体定位、認知、対人関係の変化を中心に」（野口聡一、木下冨雄「社会心理学研究」第30巻第１号１-10、２０１４年）

「微小重力空間での定位：宇宙飛行士による当事者研究」（野口聡一、東京大学博士論文〈第１８６０２号〉
２０２０年）
『宇宙においでよ！』（野口聡一、林公代、講談社、２００８年）
『オンリーワン　ずっと宇宙に行きたかった』（野口聡一、新潮社、２００８年）
『ふたりぼっちで行こう（初回限定版）』（矢野顕子、ビクターエンタテイメント、２０１８年）
「世界の宇宙産業動向」（日本航空宇宙工業会、２０１9年9月）
「ユリイカ　２０１７年2月臨時増刊号 総特集　矢野顕子（青土社、２０１７年）
ＮＡＳＡウェブサイト
https://www.nasa.gov/
ＪＡＸＡ（宇宙航空研究開発機構）ウェブサイト
https://www.jaxa.jp/
「ＤＳＰＡＣＥ　読む宇宙旅行」（三菱電機）
http://www.mitsubishielectric.co.jp/me/dspace/column/
SpaecX ウェブサイト
https://www.spacex.com/

本文デザイン　熊谷智子

著者プロフィール

野口聡一（のぐち そういち）
東京大学大学院工学系研究科修了。博士（学術）。1996年、宇宙飛行士候補者に選抜され、米国NASAジョンソン宇宙センターにて訓練を開始する。2005年、スペースシャトル・ディスカバリー「STS-114」ミッションに搭乗し、日本人として初めて国際宇宙ステーションで船外活動を行う。'09年、日本人として初めてソユーズ宇宙船に船長補佐として搭乗し、約半年間の長期宇宙滞在を経験する。'14年、世界中の宇宙飛行士の親睦団体である宇宙探検家協会会長に就任。'20年、米国人以外で初めてスペースXの新型宇宙船クルードラゴンに搭乗する予定。宇宙滞在日数177日。

矢野顕子（やの あきこ）
青森市で過ごした幼少期よりピアノを始める。1976年、『JAPANESE GIRL』でソロデビュー以来、YMOとの共演など、活動は多岐にわたる。2020年、三味線プレイヤーの上妻宏光とユニット「やのとあがつま」を結成、民謡をモチーフに新たな音楽を提案したアルバム『Asteroid and Butterfly』をリリース。同年9月には、ニューヨークと日本でリモート録音した楽曲「愛を告げる小鳥」を配信限定リリース予定。地球を外から見て感謝するために、宇宙に行きたいと熱望している。
オフィシャルサイト　https://www.akikoyano.com/

林公代（はやし きみよ）
神戸大学文学部英米文学科卒業。日本宇宙少年団の情報誌編集長を経てフリーライターに。宇宙・天文分野を中心に取材・執筆。NASA、ロシア、日本のロケット打ち上げ、ハワイ島や南米チリの望遠鏡など宇宙関連の取材歴は約30年。『星宙《ほしぞら》の飛行士』（油井亀美也宇宙飛行士との共著。実務教育出版）など、著書多数。野口聡一飛行士の書籍では『宇宙日記』（編集、世界文化社）、『宇宙においでよ！』（共著、講談社）の制作に携わる。本書では、企画・NASA取材交渉・対談進行・執筆・撮影等を担当。
Webサイト　https://gravity-zero.jimdofree.com/

宇《う》宙《ちゅう》に行《い》くことは地《ち》球《きゅう》を知《し》ること

「宇《う》宙《ちゅう》新《しん》時《じ》代《だい》」を生《い》きる

2020年9月30日初版1刷発行

著　者 —— 野口聡一　矢野顕子　取材・文　林公代
発行者 —— 田邉浩司
装　幀 —— アラン・チャン
印刷所 —— 堀内印刷
製本所 —— ナショナル製本
発行所 —— 株式会社光文社
東京都文京区音羽1-16-6(〒112-8011)
https://www.kobunsha.com/
電　話 —— 編集部03(5395)8289　書籍販売部03(5395)8116
業務部03(5395)8125
メール —— sinsyo@kobunsha.com

ISBN 978-4-334-04497-8

1086
伝え方は「順番」がすべて
分単位のコミュニケーションが心を動かす

小沼竜太

圧倒的人気を誇るスマホ向けRPG「Fate/Grand Order」（通称FGO）ほか、数々の人気ゲームのプロモーションに携わる〝ゲームの宣伝屋〟が初めて明かす「伝え方」の極意。

978-4-334-04493-0

1087
恋愛学で読みとく　文豪の恋

森川友義

名だたる文豪たちが小説に描いた恋ははたして妥当なものなのか。恋愛学を提唱する著者が科学的に分析し、考察する。従来の文学研究にとらわれない、知的なエンターテインメント！

978-4-334-04494-7

1088
正義を振りかざす「極端な人」の正体

山口真一

SNSでの誹謗中傷、自粛警察、不謹慎狩り、悪質クレーマー――奴らは何者か？「炎上はマスメディアが生み出す」「SNSは世論を反映しない」等、データ分析から分かった真実。

978-4-334-04495-4

1089
太田和彦のふらり旅　新・居酒屋百選
名酒放浪編

太田和彦

BS11の人気番組が1冊に！　北は札幌から南は五島まで日本全国19の街の65軒を紹介。本書片手に旅するも良し、読んで思いを馳せるのもまた良し。写真満載のオールカラー版。

978-4-334-04496-1

1090
宇宙に行くことは地球を知ること
「宇宙新時代」を生きる

野口聡一　矢野顕子
取材・文　林公代

誰もが宇宙に行ける日が近づいている――。民間による「宇宙旅行時代の幕開け」という歴史的転換点を迎えた今、宇宙飛行士とミュージシャンが宇宙体験からスペースXまでを語る。

978-4-334-04497-8